钢管张力减径理论与应用

张芳萍　著

北　京
冶　金　工　业　出　版　社
2021

内 容 提 要

本书共分 7 章，主要内容包括绪论、无缝钢管定减径过程缺陷分析、张力减径机的轧制理论、无缝钢管张力减径变形理论、张力减径机轧辊孔型设计、张力减径仿真实例和微张力减径数值模拟等。

本书可供钢管生产和研究的工程技术人员和研究人员阅读，也可供高等院校有关专业的师生参考。

图书在版编目(CIP)数据

钢管张力减径理论与应用/张芳萍著. —北京：冶金工业出版社，2021.4

ISBN 978-7-5024-8775-1

Ⅰ.①钢…　Ⅱ.①张…　Ⅲ.①钢管—张力减径—研究　Ⅳ.①TG335.7

中国版本图书馆 CIP 数据核字(2021)第 054315 号

出 版 人　苏长永
地　　址　北京市东城区嵩祝院北巷 39 号　邮编　100009　电话　(010)64027926
网　　址　www.cnmip.com.cn　电子信箱　yjcbs@cnmip.com.cn
责任编辑　杜婷婷　刘林烨　美术编辑　吕欣童　版式设计　禹　蕊
责任校对　郑　娟　责任印制　禹　蕊
ISBN 978-7-5024-8775-1
冶金工业出版社出版发行；各地新华书店经销；北京建宏印刷有限公司印刷
2021 年 4 月第 1 版，2021 年 4 月第 1 次印刷
169mm×239mm；8.75 印张；168 千字；129 页
49.00 元

冶金工业出版社　投稿电话　(010)64027932　投稿信箱　tougao@cnmip.com.cn
冶金工业出版社营销中心　电话　(010)64044283　传真　(010)64027893
冶金工业出版社天猫旗舰店　yjgycbs.tmall.com

前　言

无缝钢管生产已有100多年的历史，近年来，我国无缝钢管业发展迅速，2003年，我国已经成为世界无缝钢管第一生产和消费大国及无缝钢管净出口国。2019年，我国无缝钢管产量为2798.4万吨，同比增长4.6%；净出口421.1万吨，同比增长6.2%。钢管张力减径技术自1932年诞生以来也已有近90年的历史。随着国民经济和钢铁工业的发展，张力减径在无缝钢管生产中的作用越来越明显，特别是在连轧管技术出现后，张力减径技术得到了飞速发展，在焊管机组、挤压机组、单机座轧管机和多机架连轧管机组后面都配备了张力减径机组或微张力减径机组。张力减径机轧辊孔型方案的选择及孔型设计的好坏，关系到成品管的尺寸精度和钢管内外表面质量，并直接影响产品的成材率。

本书是作者在20多年来对张力减径技术理论与应用研究成果的基础上编写而成的，书中系统地介绍了张力减径技术的基本理论知识，包括对无缝钢管定减径过程的缺陷分析、张力减径轧制理论、无缝钢管张力减径变形理论、张力减径机轧辊孔型设计等内容，同时还介绍了我国无缝钢管的现状、钢管张力减径工艺概述及其发展以及无缝钢管定减径生产的基本情况。本书的出版，将为从事钢管工艺理论研究的教学和科研人员以及从事钢管生产的技术人员提供参考。

本书部分内容所涉及的研究是在山西省自然科学基金项目

（2013011022-2，201801D121086）的支持下完成的。在本书的编写过程中，得到了太原科技大学校领导、科技产业处等部门的大力支持，得到了王建梅教授、郝润元教授级高级工程师、马际青教授级高级工程师的热情帮助，研究生王琦、范超、曹宇、向征、成鑫尧、王超、张案案等同学付出了辛勤劳动。另外，本书的出版得到了太原科技大学重型机械教育部工程研究中心的资助。在此一并表示诚挚的感谢。

由于作者水平所限，书中不妥之处，敬请读者批评指正。

作　者

2020 年 11 月

目　录

1　绪论 ······ 1

1.1　我国无缝钢管现状 ······ 1

1.1.1　无缝钢管行业发展分析 ······ 1

1.1.2　无缝钢管消费分析及需求预测 ······ 3

1.1.3　行业存在的主要问题 ······ 4

1.1.4　无缝钢管行业高质量发展方向 ······ 5

1.1.5　对有关政府部门的建议 ······ 6

1.2　钢管张力减径工艺概述及其发展 ······ 7

1.3　钢管定减径生产概述 ······ 9

1.3.1　钢管定减径机 ······ 9

1.3.2　钢管定径工艺 ······ 9

1.3.3　钢管张力减径工艺 ······ 10

1.3.4　钢管微张力减径工艺 ······ 10

1.4　张力减径的优点及影响质量的因素 ······ 10

1.4.1　张力减径的优点 ······ 10

1.4.2　影响质量的因素 ······ 11

参考文献 ······ 12

2　无缝钢管定减径过程缺陷分析 ······ 13

2.1　无缝钢管定减径过程产生的主要缺陷 ······ 13

2.1.1　钢管内孔不圆问题 ······ 13

2.1.2　管端增厚问题 ······ 17

2.1.3　钢管外径超差问题 ······ 20

2.1.4　钢管外表面青线问题 ······ 20

2.1.5　鹅头弯问题 ······ 21

2.1.6　结疤问题 ······ 22

2.1.7　麻面问题 ······ 22

2.1.8　管子断裂问题 ······ 23

2.1.9 堆钢问题 …… 23
2.2 减少和避免定减径过程中缺陷和事故的措施 …… 24
2.2.1 制定减少和避免定减径缺陷的操作规程 …… 24
2.2.2 采取自控方法减少和避免定减径的缺陷和事故 …… 25
参考文献 …… 26

3 张力减径机的轧制理论 …… 27

3.1 张力减径机的变形机理 …… 27
3.1.1 张力减径机的轧制特点 …… 27
3.1.2 张力减径机的轧制工艺 …… 28
3.1.3 钢管张力减径过程中壁厚变化的分析 …… 28
3.2 钢管张力减径机的传动系统 …… 28
3.2.1 单独传动系统 …… 29
3.2.2 集中差速传动系统 …… 29
3.2.3 串联集中差速传动系统 …… 31
3.2.4 混合传动系统 …… 31
3.3 无缝钢管的变形 …… 33
3.3.1 无缝钢管在机架上的变形 …… 33
3.3.2 无缝钢管在机架间的变形 …… 35
3.3.3 无缝钢管张力减径时的总变形 …… 36
参考文献 …… 36

4 无缝钢管张力减径变形理论 …… 38

4.1 张力减径时金属塑性变形参数确定 …… 38
4.1.1 张力减径对数应变 …… 38
4.1.2 径向平衡微分方程 …… 40
4.1.3 形状变化系数 …… 41
4.1.4 应力—应变关系 …… 42
4.1.5 张力减径塑性变形方程 …… 44
4.2 张力减径时工艺参数和力能参数 …… 45
4.2.1 钢管热尺寸的计算 …… 45
4.2.2 张力系数及其壁厚 …… 45
4.2.3 轧辊工作直径 …… 47
4.2.4 各机架轧辊转速 …… 49
4.2.5 变形区金属的速度关系 …… 50

4.2.6　初始速度场的设定 …… 51
4.2.7　轧制力计算 …… 53
参考文献 …… 58

5　张力减径机轧辊孔型设计 …… 59

5.1　孔型系列的划分 …… 59
5.2　减径量的分配 …… 59
5.3　机架数的确定 …… 62
5.3.1　机架数 …… 62
5.3.2　各机架出口钢管的直径和相对减径率 …… 62
5.4　轧辊孔型设计 …… 63
5.4.1　孔型的选用原则 …… 63
5.4.2　张力减径机孔型的基本参数 …… 63
5.4.3　孔型设计的基本公式 …… 64
5.4.4　传统孔型设计方法 …… 65
5.4.5　椭圆孔型设计方法 …… 66
5.4.6　圆孔型设计方法 …… 67
参考文献 …… 68

6　张力减径仿真实例 …… 69

6.1　金属塑性变形抗力数学模型 …… 69
6.1.1　变形抗力的概念 …… 69
6.1.2　金属塑性变形抗力数学模型 …… 70
6.2　张力减径上限元模型的建立 …… 71
6.2.1　上限元法介绍 …… 71
6.2.2　矩形单元动可容速度场的建立 …… 74
6.2.3　矩形单元的上限功率 …… 77
6.2.4　三角形单元动可容速度场的建立 …… 80
6.2.5　三角形单元的上限功率 …… 84
6.2.6　总上限功率的优化 …… 91
6.3　钢管张力减径过程的上限元分析 …… 91
6.3.1　单元划分及计算程序 …… 91
6.3.2　速度场优化 …… 93
6.3.3　总能耗率泛函的最小化 …… 94
6.3.4　收敛判定 …… 95

6.4 张力减径计算机仿真系统简介 …… 97
6.4.1 软件开发环境 …… 97
6.4.2 张力减径计算机仿真系统功能及基本参数 …… 99
6.4.3 软件组成与结构 …… 101
6.5 实例分析 …… 103
6.5.1 仿真界面概述 …… 103
6.5.2 数据的输入 …… 104
6.5.3 仿真结果曲线的输出 …… 105
6.5.4 孔型图的输出 …… 108
6.5.5 轧制力的计算结果精度分析 …… 109
参考文献 …… 110

7 微张力减径数值模拟 …… 112

7.1 模型简化与假设 …… 112
7.1.1 基本模型建立 …… 113
7.1.2 定义轧件材料 …… 114
7.1.3 网格划分 …… 114
7.1.4 定义接触 …… 114
7.1.5 接触摩擦 …… 115
7.1.6 施加约束条件和求解控制 …… 115
7.2 稳态轧制下的结果分析 …… 117
7.2.1 应力分析 …… 117
7.2.2 应变分析 …… 119
7.2.3 壁厚分析 …… 121
7.2.4 轧制力分析 …… 124
7.3 管端增厚的控制 …… 125
7.3.1 管端增厚控制原理 …… 125
7.3.2 测量方法 …… 126
7.3.3 调整速度后的管端增厚分析 …… 127
参考文献 …… 129

1 绪 论

无缝钢管对人们日常生活起着至关重要的作用，它是一种具备中空截面、周边没有接缝的圆形、方形、矩形钢材。无缝钢管是用钢锭或实心管坯经穿孔制成毛管，而后经热轧、冷轧或冷拔制成。

张力减径工艺是无缝钢管生产中的重要工序之一，是在前后布置的一系列轧辊机架中对荒管进行连续轧制的过程。钢管张力减径机轧辊孔型方案的选择及孔型设计的好坏，关系到成品管的尺寸精度和内外表面质量，并直接影响产品的成材率。因此对张力减径工艺及其理论的研究，具有重要的意义。

1.1 我国无缝钢管现状

无缝钢管是一种经济断面钢材，虽然在钢材产量中比重不大，但在国民经济发展中具有很重要的地位。我国无缝钢管的产量仅占我国钢材总产量的2.3%左右，广泛应用于石油、化工、锅炉、电站、船舶、机械、汽车、航空、航天、地质、建筑及军工等各领域。尤其是在石油钻采及输送、各类电站锅炉等环节起到至关重要和不可替代的作用。

1.1.1 无缝钢管行业发展分析

1.1.1.1 近年来我国无缝钢管行业快速发展

我国是世界上最大的无缝钢管生产国与消费国，我国无缝钢管行业发展经历了三大阶段：第一阶段为稳定发展阶段，新中国成立后到20世纪末；第二阶段为飞速发展阶段，1999~2008年；第三阶段为持续发展阶段，2009年至今。2019年，我国无缝钢管产量为2798.4万吨，同比增长4.6%。2004~2019年我国无缝钢管生产情况如图1-1所示。

1.1.1.2 我国是世界最大无缝钢管净出口国

自2003年开始我国成为无缝钢管净出口国，2008年我国无缝钢管净出口量达到553.7万吨。受世界金融危机影响，2009年我国净出口量大幅下滑至282.4

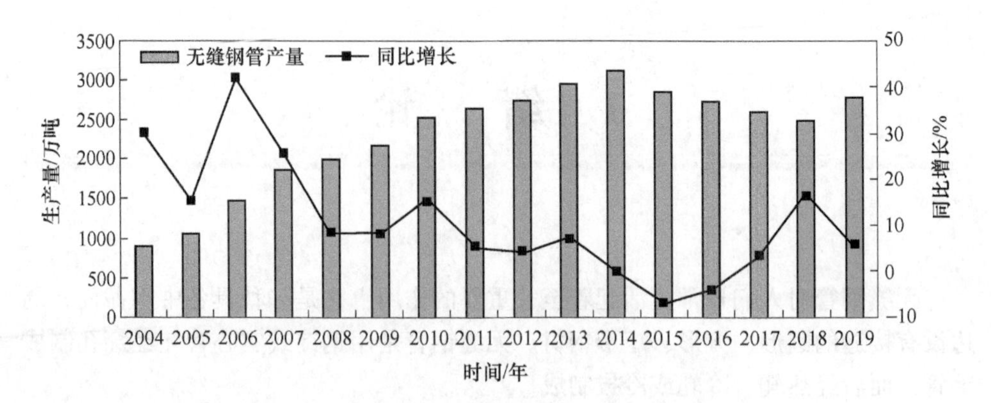

图 1-1　2004~2019 年我国无缝钢管生产情况

（数据来自国家统计局，国家统计局发布数据时公布的同比增长数据是根据调整后的上年数据计算，因此数据有偏差）

万吨；2009 年之后，我国无缝钢管净出口快速回升，到 2014 年达到 503.9 万吨。2019 年，我国无缝钢管净出口 421.1 万吨，同比增长 6.2%。

2004~2019 年我国无缝钢管进出口量和净出口量如图 1-2 所示。

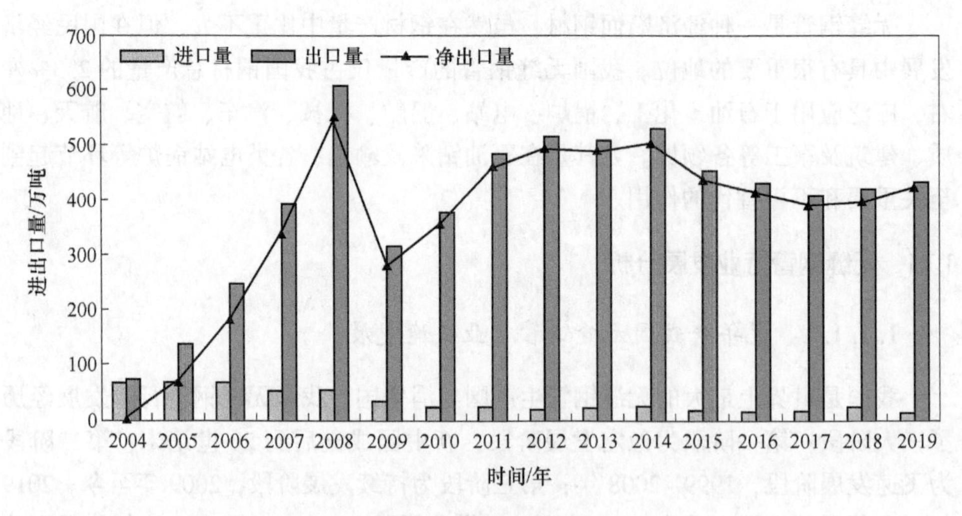

图 1-2　2004~2019 年我国无缝钢管进出口量和净出口量

（数据来自中国海关总署）

1.1.1.3　品种结构不断优化

我国无缝钢管产量不断增加的同时，品种结构也得到了改善，专用管比例大幅度提高。油气用管品种开发迈进世界先进行列，管线管技术发展迅速，油气用管、高压锅炉管和核电用管等能源用管的开发取得突出成绩。热轧无缝钢管外径可达 800mm（热扩），大顶管工艺生产的无缝钢管直径可达 1066mm，立式热挤压工艺生产的无缝钢管直径可达 1500mm。

1.1.1.4　生产能力和装备水平快速提升

我国自 1953 年建成投产了第一套无缝钢管机组以来，陆续自主开发、设计、制造和建成投产了一大批小型穿孔机和自动、三辊、连轧、圆盘（狄塞尔）等轧管机组以及先后引进并建成投产了一批（含二手设备）顶管、周期、大型自动、扩管、三辊轧管机组等。特别是 20 世纪 80 年代开始引进了一批先进的三辊、精密和连轧管机组等，使得我国无缝钢管工艺装备水平大幅提升，为我国无缝钢管行业的飞速发展奠定基础。目前，我国几乎拥有世界上所有轧管机机型，比较先进的机组有连轧管机组（包括全浮动芯棒、半浮芯棒、限动芯棒，以及少机架限动芯棒连轧管机组等）、Accu-Roll 轧管机组、新型 Assel 轧管机组、新型顶管机组（CPE）、挤压机组等。

1.1.1.5　新工艺新技术不断创新

近年来，无缝钢管行业出现一批新工艺新技术，主要包括控轧控冷技术（TMCP）和热送热装技术。TMCP 技术在无缝钢管生产中主要应用于在线常化工艺、在线淬火工艺、在线快速冷却工艺等；热送热装技术主要用于连铸管坯的热装热送，目前已有企业实现工业化生产。

1.1.2　无缝钢管消费分析及需求预测

近两年，受国际油价升高影响，国内石油开采力度增强；发电设备产量基本稳定，能源行业对无缝钢管的需求量保持稳定；机械等行业保持增长，对国内无缝钢管消费量形成一定的支撑。2019 年我国无缝钢管消费量（扣除重复材，不考虑库存变化）为 2200 万吨，同比增长 4.8%。

我国能源资源需求仍呈增长态势，石油等大宗资源供需矛盾突出。中石油、中石化等公司依然加紧新油气项目的开发，其中不乏年产量过 10 亿立方米的天然气田开发项目。近年来，受国际油价的逐步回暖、“一带一路”倡议推动我国装备制造业“走出去”等利好因素影响，我国无缝钢管需求仍将维持较高水平。“十四五”期间，随着我国步入工业化后期、能源结构中化石能源比例下降、机械行业增速放缓等变化，我国无缝钢管需求量总体呈稳中有降趋势，预测 2025 年，我国无缝钢管需求量在 2100 万吨左右，与 2019 年相比下降 4.5%。

1.1.3 行业存在的主要问题

1.1.3.1 产能过剩，市场竞争激烈

近年来新一轮的无缝钢管产能扩张抬头，2017年以来我国已投产、在建和规划建设的无缝钢管产能约870万吨，占现有产能的20%以上。2019年，我国无缝钢管产能利用率约70%，低于国际公认的75%~78%的合理产能利用率。未来，随着在建和规划建设的约400万吨无缝钢管机组陆续投产，产能过剩矛盾将进一步凸显，市场竞争将更加激烈。

1.1.3.2 装备水平和产品质量参差不齐，部分低价劣质产品冲击市场

我国无缝钢管装备既有世界先进的三辊连轧管机组和挤压机等工艺装备，也还存在一般水平的自动轧管机和落后的穿孔+拉拔机组。不同装备水平的生产装备并存，造成无缝钢管产品质量参差不齐，部分低价劣质产品冲击市场，扰乱市场秩序。

1.1.3.3 行业集中度低，市场话语权不强

虽然我国无缝钢管产能产量巨大，但产业集中度很低。2019年产量前五名企业无缝钢管产量合计约840万吨，仅占全国无缝钢管产量30%左右。而国外无缝钢管产业集中度远高于我国，国际三大无缝钢管企业（Vallourec、Tenaris和俄罗斯TMK）产量占世界无缝钢管产量的70%左右（中国除外）。产业集中度低导致生产企业没有市场话语权，市场较好时易引发重复投资，经营效益下降；出口易出现相互压价、恶意竞争，频繁遭受“双反调查”，影响行业整体利益。

1.1.3.4 自主创新能力有待提升，影响行业可持续发展

国内无缝钢管企业自主创新能力整体不强，宝钢、天津钢管、衡阳钢管等国内一流企业建立了完整的研发创新体系，重视人才队伍建设与培养。但多数民营企业不注重创新，没有创新体系，创新人才短缺，仅有少量技术人员满足日常生产需要。

1.1.3.5 高端产品供给不足，产品质量稳定性不高

近些年，我国每年进口无缝钢管20万吨左右，进口的无缝钢管主要为：电站锅炉用超临界、超超临界高压锅炉管，核电站用高档不锈钢管，高钢级、耐腐蚀、耐高温、耐高压及特殊扣油气用管，石油化工用特殊管材等。目前，我国高端无缝钢管存在的最大问题是质量稳定性不高，与国际同类先进产品相比仍有差距。

1.1.3.6 绿色发展理念仍要加强，超低排放标准压力较大

2019年年初，生态环境部等国家五部门联合发布《关于推进实施钢铁行业超低排放的意见》，推进钢铁企业超低排放改造工作。目前，国内暂时还没有无缝钢管企业全面完成超低排放改造，达到超低排放要求。

1.1.3.7 智能制造水平较低，亟需技术改造升级

智能制造是中国从制造大国向制造强国转变的必经之路，目前我国无缝钢管行业智能制造水平不高，仅有衡阳钢管通过工信部“2018年智能制造试点示范项目”，建设了“智慧衡管”信息化系统，多数企业未开展实质性智能制造工作。

1.1.4 无缝钢管行业高质量发展方向

1.1.4.1 提高自主创新能力

完善研发体系建设，提高研发投入比例，加强基础研究与前沿技术供给。研发体系建设应注重创新链条一体化设计，强化基础前沿、关键共性、产业化开发、示范应用、成果转化等全链条的任务部署和衔接，围绕创新链部署资金链及人才链，形成有针对性的政策设计，提高研发成果转化率，打造良好的创新生态。与此同时，以创新发展为指引，联合无缝钢管产业链上下游企业、科研院所等机构，建设产学研用创新平台，加强基础研究，提高前沿技术的供给能力。

1.1.4.2 加快实现超低排放改造

按照《关于推进实施钢铁行业超低排放的意见》要求，加快推动无缝钢管全行业实施超低排放改造。深化铁前、炼钢、轧钢等各环节的有组织排放。强化无组织排放管控，加强散装物料管理，落料环节治理，生产车间封闭，产污环节工艺治理，厂区物流优化。大力实施清洁运输，全面加强自动检测、过程检测以及视频检测。

1.1.4.3 加强装备技术升级改造

我国无缝钢管装备水平参差不齐，限制类、淘汰类装备依然照常生产，带来质量、能耗、安全、环保等问题。为实现行业高质量发展，应尽快淘汰落后装备，对现有设备实施大型化、现代化改造，提升自动化、信息化、智能化水平，加强新工艺新技术的应用推广，特别是降低能耗、减少污染、提高质量、提高效率的技术，推动行业整体工艺装备水平提升。

1.1.4.4 调整优化产品结构

我国无缝钢管产品存在低端过剩、中端饱和、高端供给不足问题，面对未来发展，企业应根据战略定位、装备技术水平、产品结构和研发创新能力等自身条件，制定符合企业特点的产品路线，不宜一味追求高端或过度追求低成本。最终实现高端产品有保障、中端产品有稳定、低端产品有质量的产品体系结构，提高无缝钢管行业整体竞争力。同时，应更加重视客户需求，积极与客户开展产品研发合作，并为客户提供更全面的服务。

1.1.4.5 加大标准引领力度

发挥标准的支撑和引领作用，指定出一批适合我国油气开采和输送、锅炉和压力容器、钢结构、海洋工程等领域应用的特色无缝钢管国标、行标和团体标准。同时，围绕无缝钢管行业的绿色制造（包括节能节水、环保、物流、绿色产品等方面）、智能制造、新品种开发和新工艺技术等方面，加快推动标准的制修订，力争制订一批具有国际先进水平的标准。

1.1.4.6 推动智能制造改造

以区块链、大数据、5G通信、物联网等新技术推动无缝钢管企业加快实施智能改造升级。一方面通过智慧设备管理、智慧安排管理、智慧能源管理、智慧物流管理、智能机器人应用、感知识别和信息采集系统构建等打造智能工厂，推动企业智能升级；另一方面，通过生产线自动化控制、生产过程智能管理、企业智能管理、企业智能决策等优化企业资源配置，增强生产组织柔性，提高企业运营效率。

1.1.5 对有关政府部门的建议

1.1.5.1 加强行业监管，避免新一轮产能过剩

近两年，由于无缝钢管市场效益较好，企业重复投资和盲目投资现象明显，在建和拟建的无缝钢管产能较大，待这部分产能全部投产后，我国无缝钢管产能利用率将可能再次降低至60%左右。为避免出现新一轮产能过剩带来的经济损失，建议政府有关部门加强审批管理，严格贯彻落实《产业结构调整指导目录》(2019年)，对无缝钢管项目实行严格备案管理。

1.1.5.2 推动兼并重组战略，提高产业集中度

建议重点关注行业发展趋势，借鉴国内外钢铁企业和钢管企业兼并重组的经

验出台相关政策，推动无缝钢管企业的专业化重组，打造1~2家具有国际一流竞争力的无缝钢管强企、2~3家具有国内竞争优势的无缝钢管企业，真正做强钢管工业。同时，适时推进区域内以优势钢管企业为主体的兼并重组，形成若干家大型专业化无缝钢管企业集团，在细分市场形成独特竞争力。

1.1.5.3 贯彻执行产业政策，淘汰落后产能

落实《产业结构调整指导目录》的要求，加强淘汰落后工作力度，切实淘汰落后的无缝钢管产能（即直径76mm以下热轧无缝钢管机组）。加强无缝钢管行业监管，综合运用技术、环保、节能、安全、质量等方面的政策和监督检查机制，为合规合法产能提供有利的发展环境和市场空间。

1.1.5.4 加强政策支持，推动行业转型升级

对于承担国防、军工、航空航天等关键领域的无缝钢管生产企业，给予财政、金融、技术改造等方面的政策，支持其发展。同时，鼓励银行等金融机构对承担国家重大专项或对下游行业发展具有重要作用的无缝钢管企业给予信贷支持。对开展超低排放改造、智能升级、品种优化调整等相关技术改造的无缝钢管企业给予一定支持。

1.1.5.5 加强组织协调，推动行业有序发展

推动无缝钢管行业建立健全有效沟通和协商的机制，防止再次出现“价格战”的恶性竞争，维护行业利益。支持国产高端无缝钢管的国产化，充分发挥国家首台（套）重大技术装备和首批次重点新材料保险补贴政策的作用，推动无缝钢管在首台（套）重大装备上的应用。同时，建议工业主管部门和相关部门形成合力，支持国产无缝钢管在重大工程项目中的应用，鼓励和支持设计单位在项目设计阶段采用包括无缝钢管在内的国产钢材。

1.2 钢管张力减径工艺概述及其发展

张力减径技术起始于1932年，美国国家钢管公司的John W. offut获得该项专利。20世纪40年代中期成立了张力减径委员会，专门研究张力减径工艺及其设备，之后在西欧等国相继得到发展，它主要用于炉焊管、电焊管和无缝管的生产，20世纪60年代又在挤压机组后配备了张力减径机生产合金无缝钢管。

张力减径工艺是在普通减径工艺的基础上，对钢管增加拉伸张力。管体是在空心状态下变形的，因而钢管壁厚受张力拉伸而变薄。张力是通过轧辊与钢管之间的摩擦力及两个机架之间的附加速度差 ΔV 产生的。张力的大小取决于 ΔV，

ΔV越大，张力就越大，但它要受钢管与轧辊之间可能产生的最大摩擦力的限制。该摩擦力的大小要受轧制压力与摩擦系数的影响，而轧制压力又与孔型、单机架压下量和轧件材质的抗张强度等有关。由此可见，张力的大小受许多因素的制约。此外，最大张力还要受钢管本身所能承受拉力的限制。超过其强度极限，钢管就会被拉断，故工艺上用张力系数来加以限制。张力系数是钢管极限拉伸强度与产生张应力之比值。张力系数的选择取决于钢管材质、轧制工艺条件等。张力系数越大，拉伸率越大，拉断的可能性也就越大，反之则越小。一般情况下，张力系数在0.65~0.70左右。

在一般的减径机上，单机架减径量只有3%~5%，而在张力减径机上，单机架减径量可以达到7%~8%。张力减径时，在减小直径的同时可以使钢管壁厚减薄或者保持不变，减径过程稳定且钢管的壁厚不均较小。此外，由于张力减径时的变形量大，所需要的机架数目可以显著地减小，因而使减径管的规格范围也日益扩大。这样，减径机就不仅用来生产小直径钢管，同时也可以用来生产较大规格的钢管，在这种情况下，前面的轧管机组就可以只生产少数几种尺寸的钢管，从而大大地提高了机组的生产能力，简化了生产。张力减径机逐渐成为钢管生产中应用最广泛的设备之一。

张力减径技术是钢管生产中的一项重大发展，世界各国都十分重视。到目前为止，已经积累了很多经验和试验数据。可以说人们已经基本完全掌握了张力减径这一技术。

在1932年，美国National Tuke公司的John W. offut是世界上第一个将钢管张力减径的概念用于工业生产的公司。它首先采用大的减径量和减壁量进行小直径钢管张力减径。

1940年Blaw-Knox制造了第一台张力减径机，用来提高一台1/8~3/4inch炉焊管机组产量。这台张力减径机用来同一台链式炉焊管机进行联合生产，通过把6.72m的炉焊管延伸为13.44m的钢管，可使炉焊钢管机组产量提高一倍左右。

1941年，Blaw-Knox制造了第二台张力减径机，为了轧辊速度方面得到最大的灵活性，这台张力减径机的各个机架分别由一台单独马达传动。

随后，在美国和其他国家里，对于用张力减径的方法来提高小直径钢管的产量和经济合理性产生了很大兴趣。从此，张力减径技术得到了不断的发展。

我国早在20世纪50年代，就出现了有关钢管张力减径的资料，并开始对这一技术进行研究。然而长期以来，一直只停留在介绍和翻译阶段，真正能将这一技术应用于钢管生产的还不多。

我国国内现有的钢管张力减径机组大都是完全或部分从国外引进的，在引进设备的同时，由外商提供产品轧制表和有关的技术参数。比如，上海宝钢无缝钢管厂就是引进原西德的全套张力减径设备；包钢无缝钢管厂引进意大利的主要设备，而只有辅助设备是国内自行设计制造的。另外，北满特殊钢股份有限公司、衡阳钢管有限公司、常州钢厂等也都是引进国外的名牌设备。

直至20世纪80年代以来，太原重型机械厂通过引进国外先进技术，合作制造和设计，使张力减径机的制造水平和工艺技术得到了提高，于1991年在鞍钢无缝钢管厂和衡阳钢管厂的大力协助下，研制出具有20世纪80年代国际先进水平的TZ355十二架微张力减径机，相继又设计出TZ275-22张力减径机。

张力减径是钢管生产中的重要工序之一，是生产小直径薄壁管的有效方法，张力减径机的工作速度范围很宽，故可以用同一种直径和壁厚的荒管，通过改变机架间的速比获得一系列不同直径和壁厚的成品管。这样可以大大简化生产工艺，扩大产品规格范围，有效地提高机组的生产率和产品质量。因此，张力减径机在国内外钢管生产线上得到了广泛的应用。

但在钢管张力减径过程中由于张力一般要经历3~4个机架才能达到工艺要求的固定平均张力值，因此，钢管端部没有受到足够的拉伸，端部管壁比中间部分厚，增厚的壁厚超过成品管壁厚所规定的上限值，这些增厚的管子端部就得切掉，从而降低了产品的收得率，造成金属的巨大损失。

在钢管减径后，由于孔型的特定形状和多道次交替轧制，会产生内六方多边形缺陷，并使壁厚精度降低，严重时还会导致产品报废。

在切头控制方面，虽然采用计算机控制系统极有利于切头控制，但理论计算与实践相吻合仍需要研究。只有使理论研究更切合实际变形过程，速度变化的控制更准确，才能使切头损失更接近实际结果，切头控制效果也才最好。

1.3 钢管定减径生产概述

1.3.1 钢管定减径机

钢管定减径机是由若干对带有孔槽的轧辊组成的。轧辊排列时要使得每组轧辊所形成的孔型中心线都在一条直线上，荒管连续地经过轧辊，孔型直径逐渐减小，因此荒管通过轧辊后由原始直径减小到最终所需尺寸。相邻机架间轧辊布置互成一定角度，这样，轧辊边缘间形成的间隙沿荒管的纵向并不都在一条直线上。对于二辊定径机或张力减径机，相邻两机架的轧辊中心线互成90°，有时也采用较小的角度；对于三辊定减径机，相邻机架的轧辊中心线互成60°。企业中也常用四辊定减径机。在四辊式定减径机架中，每一个轧辊同将近1/4的管子圆周相接触。

1.3.2 钢管定径工艺

定减径是热轧生产无缝钢管的最后一道工序。定减径工艺可分为定径、张力减径和无张力减径三大类，只减小荒管直径而不能同时减小荒管壁厚的过程一般称为定径。定径的主要目的是消除前道工序造成的外径不一，得到外径精度和真圆度都比较高的成品管。定径机的工作机架较少，一般为3~12架，三辊定径机组单机架的减径量为3%~5%（在二辊定径机组上，单机架的减径率在2%~3%）。二辊式定径机和三辊式定径机的主要区别：二辊式定径机精度没有三辊式高；二辊式定径机的孔型参数可调，三辊式定径机的孔型参数不可调；二辊式定径机设备投资少，而三辊式定径机设备投资高。

1.3.3 钢管张力减径工艺

张力减径机在轧制过程中既可以减少管子的外径也可以减少管子的壁厚。张力减径中的张力是指轧辊施加给轧件的纵向拉力。钢管在张力减径过程中，通过切向变形和径向变形来达到轴向变形的目的。张力减径机的机架数比较多，一般超过16架；由于轧制过程存在张力，使得单机架减径率也较大，在12%~14%之间，机组总减径量为75%~80%，总减壁量可以超过40%。张力减径机可以用一种规格的荒管获得多种不同规格的成品管，因而扩大了机组的生产范围，有效地提高了机组的生产效率和产品质量。张力减径机主要用来生产中小直径薄壁管、中厚壁管。

1.3.4 钢管微张力减径工艺

微张力减径是处于张力减径和无张力减径之间的一种情况。张力系数一般小于0.5。微张力减径的机架数通常都比较少，一般不超过14架，单机架减径率小于3.5%，总减径率不超过35%。微张力减径和张力减径的原理基本一样。张力减径和微张力减径的区别在于：张力减径时的张力系数一般都大于0.5，而微张力减径时的张力系数一般都小于0.3；张力减径时的机架数更多、减径量更大、产品规格范围更广；而微张力减径时机架数较少、减径量较小及产品规格较少。

1.4 张力减径的优点及影响质量的因素

1.4.1 张力减径的优点

在我国为数众多的小型无缝管机组上多半采用结构紧凑，速度刚性好的集中差速张减机。我国还先后从德国考克斯(Kocks)公司和曼乃斯曼（Mannasmann）公司引进了几套张力减径机。但由于缺乏详实的技术资料，张力减径机能力的进一步开发受到限制。比如生产特殊壁厚的钢管需解决轧辊转速设定问题；研究管端壁厚形态（为管端预减薄提供依据）需要解决张力与变形的定量分析问题。

钢管张力减径具有以下优点:

(1) 可以使无缝钢管轧机生产直径从 ϕ21.3~ϕ153.7mm 的各种规格的无缝管，随着张力减径技术的不断提高，生产出的产品品种、规格不断扩大;

(2) 可以大大提高较小规格钢管的产量;

(3) 可以同自动轧管机或连续式轧管机联合在一起进行生产，使轧制表大为简化。

1.4.2 影响质量的因素

钢管张力减径虽然具有以上优点，但张力减径机对钢管的质量也具有一定影响。减径机是热轧管生产线上的成品轧机，减径后钢管质量的好坏最终决定着成品管质量的好坏，而减径过程总是伴随平均壁厚的变化。如果轧制时带一定的张力，钢管中部的壁厚仍然不变，而钢管头尾两端不可避免地产生壁增厚现象，从而增加切头损失。

影响张力减径管端增厚段长度的因素很多，归纳起来，可以分为工艺因素和设备因素。工艺因素主要包括总减径率、单机架减径率、张力系数、钢管规格、轧制钢种、轧制温度等；设备因素主要包括机架间距、电机特性和传动系统刚性等。

用张力减径机轧制壁厚比较大的钢管（$S/D_m \geqslant 0.12$）时，容易出现内多边形，造成钢管横向壁厚不均，壁厚精度降低，严重时还会导致产品报废。

影响内多边形程度的因素很多，但当 S/D_m 一定时，孔型椭圆度的大小是主要影响因素。因此，正确选用张力减径机孔型系列，对成品管的质量起着重要的作用。

在张力减径过程中，钢管端部增厚是不可避免的，但应尽量减少切头损失。切头损失是由钢管轧制收得率来计算的，钢管轧制收得率越高，切头损失越少，为此应尽量增加荒管长度。另外，还要从切头本身来研究如何减少壁厚超差部分。

加剧增厚钢管端部切头损失的因素如下:

(1) 平均张力较大;

(2) 总的减径量较大;

(3) 机架间距较大;

(4) 单机架减径量较小;

(5) 管子直径与轧辊直径之比较大;

(6) 钢管与轧辊之间的摩擦系数较小;

(7) 钢管直径与壁厚之比较大。

近年来，世界各国的无缝钢管生产厂家为增强竞争能力，追求更大的经济利益，都在大力开发新工艺、新设备，寻求更好的方法来提高成品管的尺寸精度，以尽可能减少钢管前后端因超出公差范围而造成的切头损失，降低成本，提高成品管的收得率。

参 考 文 献

[1] 冶金工业规划研究院轧钢处．我国无缝钢管行业发展现状及相关建议．2020.

[2] 丁大宇．国内钢管企业应正确选用张力减径工艺和设备 [J]．钢管，1998 (5)：14-16.

[3] 丁大宇．钢管张力减径工艺的切头控制 [J]．钢管，1994 (4)：23-26.

[4] 王廷溥．轧钢工艺学 [M]．北京：冶金工业出版社，1989.

[5] 太重设计科，译．张力减径机 [M]．北京：机械工业出版社，1975.

[6] 于俊春．张力减径技术介绍 [J]．承钢技术，1999 (1)：22-24.

[7] 田晓虹，闫雄伍．张力减径机的设计 [J]．钢管，1995 (1)：16-18.

[8] 柳谋渊．用非对称法轧制消除钢管定减径内多边形缺陷的理论研究 [J]．钢管，1998 (5)：9-13.

[9] 黄睿．钢管张力减径有限元分析及力学特性研究 [D]．沈阳：东北大学，2008.

[10] 李赤波．微张力减径机增壁规律研究 [D]．重庆：重庆大学，2002.

[11] 金如崧．张力减径技术的早期和近期发展 [J]．钢管，2003，32 (4)：54-59.

[12] 冯庆．攀成钢 340 机组定径机国内外引进设备的吸收、转换与工艺开发 [D]．重庆：重庆大学，2009.

[13] 李胜祗，朱成序．钢管张减变形和机架间张力分析 [J]．华东冶金学院学报，1993 (2)：26-34.

[14] 马继仁，陈向明，朱景清，等．张力减径管端增厚段壁厚分布规律的研究 [J]．钢铁，1999 (2)：31-34.

[15] 王宁．张力减径机圆孔型设计及其应用 [J]．钢铁，1994 (4)：24-28.

[16] 成海涛，李赤波，李晓．钢管定（减）径工艺技术 [J]．钢管，2020，49 (2)：80-83.

[17] 赵佳，管志杰，李文远．我国无缝钢管行业发展现状及相关建议 [J]．钢管，2020，49 (2)：1-4.

[18] 张国胜．我国钢管业的现状及其发展探讨 [J]．低碳世界，2016 (24)：245-246.

2 无缝钢管定减径过程缺陷分析

2.1 无缝钢管定减径过程产生的主要缺陷

无缝钢管定减径和张力减径过程是空心管体不带芯棒的连续轧制过程，同时也是热轧无缝钢管生产中的最后一道工序；定减径生产过程是无缝钢管的三大变形工艺过程之一。钢管在定径、微张力减径和张力减径过程中，由于各种原因，不可避免地会产生一些产品缺陷。常见的产品缺陷包括内孔不圆（内四方、内六方等）、管端增厚、钢管外径超差、壁厚超差、长度超差、拉丝、青线、鹅头弯、结疤、麻面、轧折、开裂、断裂、压痕等，还有生产过程中的轧卡事故以及机械性能不达标等。这些缺陷直接影响钢管产品的成材率和生产厂家的经济效益，因此应尽量消除。在这些缺陷中，有些可以通过采取一定的措施加以消除，有些事故可以避免，有些缺陷虽不能消除，但可以大大减轻。下面对钢管定减径过程中常见的缺陷产生原因及消除方法进行分析。

2.1.1 钢管内孔不圆问题

张力减径后钢管出现内孔不圆可分为两种形式：一种是中心偏移的椭圆形内孔；另一种是内多边形。中心偏移的椭圆形内孔通常是由荒管壁厚不均造成的，而内多边形主要是指内四方和内六方等，是由轧辊数量、孔型椭圆度、孔型系列的选用、单机架减径量、机架间距、壁厚系数、张力大小等因素造成的。为此，国内外有关学者做了大量的研究工作，对内四方和内六方的形成原因进行了讨论分析，并取得了显著的效果。

2.1.1.1 内四方/内六方产生的原因

当 D/δ（管子外径/管子壁厚）值太小（如3.5~5.0），即轧厚壁管时，如果不采用特殊的孔型设计或者减径机的速度设置不当，则会出现比较严重“内六方”现象，如图 2-1 所示。

对于三辊张力减径过程产生“内六方”的原因，赵晓林、边勇兴针对天津钢管有限责任公司引进德国曼内斯曼-德马克公司的 ϕ250mm 三辊微张力减径机组（14 架集中差速传动），对中小直径的厚壁管产生内六方缺陷的情况进行了理论分析。

图 2-1　生产现场钢管“内六方”图

A　厚壁管“内六方”形成原因

图 2-2 为钢管减径时，出口侧的三辊轧制示意图。根据轧制理论，接触面可分为：

（1）前滑区（*AC* 弧段）。该区域钢管出口线速度大于轧辊线速度，摩擦力方向与轧制方向相反。

（2）中性线（*C* 点）。中性线 *C* 点处钢管线速度等于轧辊线速度，金属相对于轧辊没有滑动趋势，属于静摩擦。

（3）后滑区（*CB* 弧段）。该区域钢管出口线速度小于轧辊线速度，摩擦力方向与轧制方向相同。

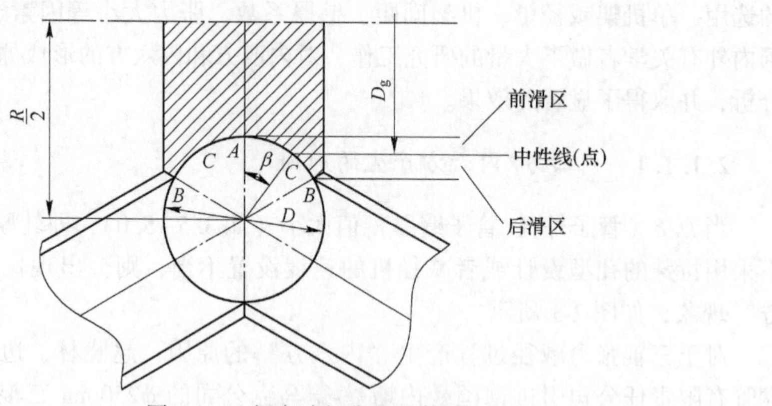

图 2-2　三辊定减径孔型示意图

图 2-2 中 $R/2$ 为轧辊的名义半径，D_g 为轧辊的工作直径。减径量相对较小时，轧辊与钢管的接触区如图 2-3 所示。

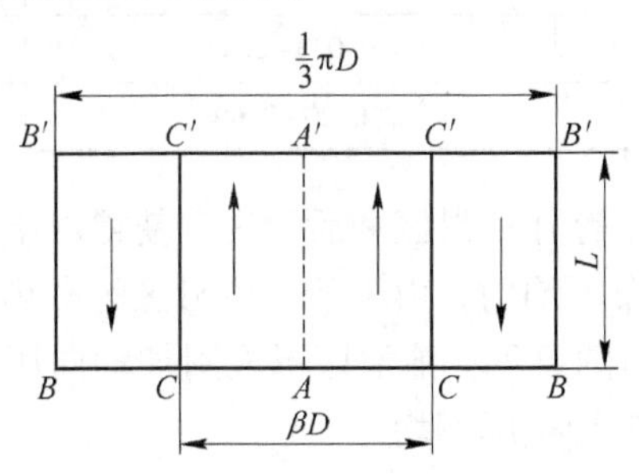

图 2-3　轧辊与钢管的接触区域

图 2-3 中箭头方向为摩擦力方向。在稳定轧制时，轧制力始终处于平衡。假设 F_t 为前滑区接触面积，F_h 为后滑区接触面积，F_z 为总接触面积，β 为分界角（中性角），则滑移系数 s 为：

$$s = \frac{F_h - F_t}{F_z}$$

$$s = 1 - \frac{6\beta}{\pi}$$

$$\beta = \frac{(1 - s)\pi}{6}$$

s 与 β 的界面及含义见表 2-1。

表 2-1　s 与 β 的界面及含义

分界面	滑移系数	分界角（中性角）/(°)	轧制状态
CC'在 AA'线上	$s=1$	$\beta=0$	全后滑
CC'在 AA'与 BB'之间	$-1<s<1$	$0<\beta<60$	前滑与后滑同时存在
CC'在 BB'线上	$s=-1$	$\beta=60$	全前滑

对于（微）张力减径机，轧制过程中，第一机架前滑区面积大于后滑区面积，$s<0$；中间机架前滑区面积和后滑区面积相近，$s\to0$，$\beta\to30°$；末机架后滑区面积大于前滑区面积，$s>0$。对于微张力减径机，各架前后滑区面积受张力影响较大。与多机架张力减径机（24 架或 28 架）相比，微张力减径机由于第一架只受前张力作用，所以前滑区面积要大些；而末架只受后张力作用，所以后滑区面积要大些。

通过对其轧制表的分析可知，除 ϕ114mm×4.5mm 外，轧制其他规格钢管时各架均存在前后滑区，且 s 与 β 的范围见表 2-2。

表 2-2　s 与 β 的范围

机架次数	s	β/(°)
第一架	0.033～0.47	29～44
末架	0.20～0.60	12～24

由于在定减径过程中存在前滑区和后滑区，使得由于摩擦引起的钢管沿圆周方向的附加轴向应力分布不均匀。由于前、后滑区的影响，附加轴向应力沿孔型的分布如图 2-4 所示。由图可见，前滑区形成附加轴向压应力，后滑区形成附加轴向拉应力，从而造成钢管壁厚不均。

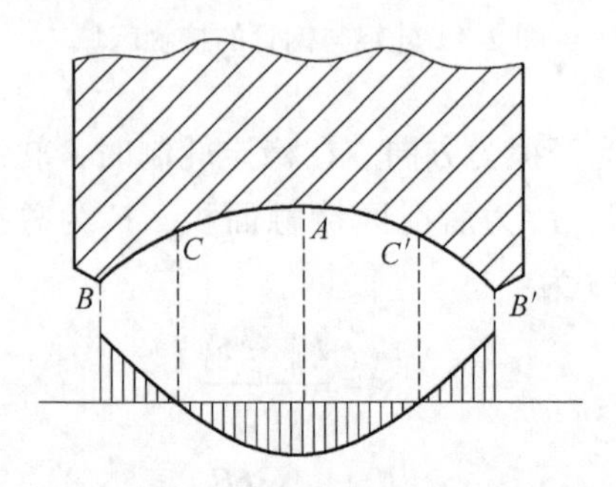

图 2-4　附加轴向应力沿孔型周向的分布示意图

B　减径过程中金属变形分析

在钢管减径过程中，因轧辊的线速度沿孔型宽度方向由孔型底部（A 点）向孔型辊缝处（B 点）逐渐增大，且金属沿周向（孔型宽度上）的流动是不均匀的，因此沿孔型宽度上的壁厚增厚也是不均匀的，如图 2-5 所示。

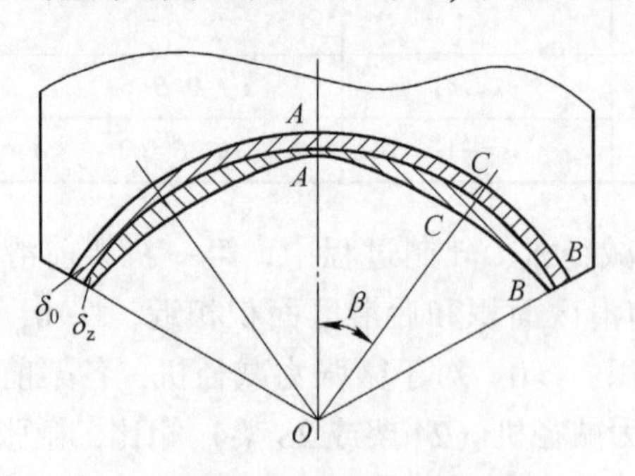

图 2-5　钢管壁厚不均分布示意图

δ_0—钢管原始壁厚；δ_z—钢管壁厚增厚量

对于单一机架孔型底部 A 点进行变形分析：A 点承受的单位压应力最大，该点轧辊转速最低，轴向拉应力最小。*B* 点承受的单位压应力最小，该点轧辊转速最高，轴向拉应力最大，壁厚增厚的趋势相对最小。*C* 点的应力状态及壁厚增厚趋势较大。由于减径机相邻机架中 3 个轧辊的布置相错 60°，当张力达到一定数值时，*B* 点壁厚总体呈减薄趋势，*C* 点壁厚总体呈增厚趋势，该区域金属形成一段增厚段，由此形成了“内六方”。

对于中等壁厚及薄壁管，附加轴向应力对壁厚变化的影响较小，“内六方”现象不明显，壁厚精度能够满足要求；但是对于厚壁管，附加轴向应力对壁厚的影响较大，“内六方”现象较为明显，致使壁厚精度不能满足要求。

对于二辊式张力减径机组，过大的减径量往往使得管壁沿管子圆周不均匀地增厚，以致靠近减径机尾端时管子内孔变成近乎方形而不是圆形。虽然这一现象在相当程度上受总减径量及单机架减径量的影响，但实际上是对总减径量的一种限制。

四辊式减径机由于辊子数增加，内孔变方现象减小，沿管子圆周的管壁增厚比较均匀，并且无论如何，内孔变为八边形的可能性大于变为方形的可能性。

2.1.1.2 减轻或消除钢管内孔不圆的对策

对于中心偏移的椭圆形内孔，其主要是由荒管壁厚不均造成的，因此消除此缺陷的方法是尽可能使用壁厚均匀的来料。

对于内多边形，根据对其形成原因的分析，如果要减轻内多边形缺陷，那么就要增强减径过程中壁厚变化的均匀性，也就是要使金属在孔型内变形时，受到的沿管子周向的附加轴向应力分布均匀。为此，在进行孔型设计时，要合理分配单机架减径率，从保证质量的角度出发，应采用较小的减径率 ΔD，联邦德国率先在三辊式张力减径机上采用 $\Delta D = 8\% \sim 10\%$ 的减径率，取得了较好的效果，这与机架内轧辊的数目多少无关。另外在保证脱管的前提下，应采用较小的椭圆度。这些措施可以改善轧辊与轧件的接触弧长度，保证管子周向的轴向应力分布均匀。

减轻内多边形还可以通过设定合理的减径机主电机、叠加电机转速及管子入口速度和出口速度，通过调节前滑区和后滑区的分布（增大前滑区），使轴向应力沿管子周向均匀分布，减轻内多边形。

2.1.2 管端增厚问题

管端增厚是指经张力减径机轧制后的钢管出现头尾壁厚比管子中间壁厚更厚的现象。管端增厚是张力减径工艺特有的现象，是无法避免的，超出壁厚公差的管端部分要被切除。因此，必须采取有效措施，优化工艺，减少钢管增厚段的长度，从而提高成材率及材料受力性能，降低生产成本。

2.1.2.1　管端增厚的原因

钢管在无张力定减径时，壁厚沿长度方向是基本不变的；而在张力减径过程中，管子的头端和尾端通过减径机时，管子里的张力与稳定过程的张力相比较有了变化。比如当管子的头端在机架间隔内通过的时，其仅产生后张力，因而这一段管子上的管壁达到最大的增厚。管子头端和尾端经过张力减径机轧制时，头端和尾端部分所承受的张力比稳定轧制时要小，在头端张力升起的轧制阶段与尾端张力降落的轧制阶段，轧辊的工作直径位置相对于稳定轧制时的工作直径位置有所变动。

稳定轧制时，张力升起机架中轧辊工作直径的位置处于孔型环的附近（靠近轧辊边缘部分），而张力降低机架中轧辊工作直径的位置处于孔型底部附近。在中间张力稳定工作的机架中，轧辊工作直径处于张力升起机架和张力降落机架轧辊工作直径位置的中间位置。

钢管在张力减径时，机架之间的张力是逐渐增大的。当达到最大张力值时，轧制过程趋于稳定，这时钢管壁厚保持不变。

2.1.2.2　管端增厚的长度确定

钢管管端增厚长度随着变形量、机架间距、轧制速度、平均张力的增加而增加，随着单机架减径率、壁厚系数（壁厚与直径比）、轧辊名义直径、摩擦系数、轧制温度的增加而减短。合金钢管子的增厚端比碳素钢管子的增厚端要长，通常情况下，头尾两端增厚的长度占管子总长度的2%~5%。

增厚管端的长度计算，即使是对于绝对刚性的传动，也存在相当的困难和大量的计算工作。因此，生产实际中经常采用经验公式进行估算。

常用的经验公式如下：

（1）A. A. 舍普琴科公式。其计算公式为：

$$L_y = 2l\sqrt{\lambda_z} \tag{2-1}$$

式中　L_y——钢管增厚管端长度，mm；

l——平均机架间距，$l=(0.9\sim1.0)D_0$（D_0为轧辊名义直径），mm；

λ_z——张力减径机组总延伸系数。

（2）全苏管材科学研究所公式。其计算公式为：

$$L_y = 0.7(n-2)\,\overline{Z}_c^{0.66}\,l \tag{2-2}$$

式中　n——张力减径机组机架数量；

$\overline{Z}_c$——张力减径机组总的平均张力减径系数。

（3）达利保尔公式。其计算公式为：

$$L_y = \lambda_z \frac{D_0 - D_r}{D_0} 2l\left(1 - \frac{S_0 - S_r}{S_r}\right) + 150 \tag{2-3}$$

式中 D_0，D_r——分别为荒管外径和热轧管外径，mm；

S_0，S_r——分别为荒管壁厚和热轧管壁厚，mm。

（4）乌拉尔管材科学研究所公式。其计算公式为：

$$L_y = 0.95(n - 2)z_c l - 700 \tag{2-4}$$

（5）洛特尔公式。其计算公式为：

$$L_y = 2l \frac{D_0 - S_0}{D_r - S_r} \times 0.87 \tag{2-5}$$

在实际生产中，各机组的传动方式不同，机架间距不同，机架数不同，选用的孔型系列不同，因此应按照本厂的实际生产情况来建立适合本厂工况的增厚管端的长度。以上经验公式的计算结果与实测值之间有一定的误差，最高达到15%~18%。根据实验可知，当减径量大时，实测头尾两端增厚长度比公式计算的要长；当减径量小时，实测头尾两端增厚长度比公式计算的要短。对于合金钢公式计算值要比实测头尾两端增厚值偏小。

2.1.2.3 减少管端增厚段长度的措施

虽然钢管张力减径过程中，管端增厚不可避免，但应尽量采取有效措施，减少管端增厚的长度。常采用的措施有：

（1）尽可能采用小的平均张力系数轧制。管端增厚主要是由于管子头端和尾端通过减径机时，管子里的张力小于稳定轧制过程的张力。因此采用较小的平均张力系数轧制，可以减小头端和尾端轧制时管子里的张力与稳定轧制时管子里的张力的差值，从而减少管端增厚段长度。

（2）减小机架间距。要想减小热轧管头尾两端增厚长度，可以把机架中心距减少到最低限度。在张力减径机组入口的机架中，由于咬入的需要，一般采用大直径轧辊轧制，因此机架间的间距也较大。随着轧制过程中荒管直径的减小，对应的轧辊直径也可以减小，这样机架间距就可以减小。因此在一组张力减径机中，轧辊直径可以采用逐架减小，机架间距采用先大后小的设计方式。

（3）增加钢管长度。对于长度一定的（微）张力减径机组，一般来说管子头尾两端壁厚增厚的长度基本是确定的，如果有效增加荒管的长度，那么所切除的头尾长度占总长度的比值将减小，进而提高热轧管的成材率。

（4）降低总减径率和单机架减径率。在钢管张力减径过程中，减径率分为总减径率和单机架减径率。各机架减径率的分配，首先要考虑钢管在孔型中的咬入，且保证轧制过程稳定；其次钢管在孔型中既不能欠充满，也不能过充满，欠充满将使钢管外圆产生不圆，而过充满将会使管子表面刮伤或出现“耳子”现象。生产中随着变形程度增大、轧制速度加快、轧制温度降低，都使得变形抗力和摩擦因素变大，从而加剧工具磨损及增大轧制力能消耗。因此从磨损和能耗角度考虑，应采用减径率递减分配方法。

降低总减径率和单机架减径率，会使钢管出口截面形状有较大改善，提高钢管周向壁厚的均匀程度，同时可以减少因管端增厚而切除的头尾管子长度。

(5) 采用 CEC 控制技术。CEC 控制技术是指定/张减切头切尾控制技术，由于张减过程中头端和尾端的壁厚增厚不可避免，超出壁厚要求的管端作为废品被切除。切头切尾控制（CEC）是在轧制非稳态状态（钢管端部轧制）时，动态地改变传动电机的速度，增大前后机架之间的速度差，在钢管端部产生附加张力，以弥补管端轧制与中间部分轧制所受张力之间的差异。从而达到减少增厚端长度的目的。采用 CEC 技术可以使管端增厚长度减少 1/3。

(6) 采取头尾削尖技术。钢管在张力减径“咬钢”和“抛钢”阶段，由于张力的作用，使得热轧管头端和尾端壁厚增厚。采用削尖轧制技术可在连轧管机上对荒管的头尾壁厚进行预先“轧薄”（即“削尖”），使钢管在经过张力减径机时，能够适当抵消钢管的头尾增厚，使热轧管头部、中部及尾部获得相同的均匀壁厚，从而减少热轧管的切头切尾长度，提高钢管成材率。

总之，在张力减径过程中，由于变形量、机架间距、壁厚系数、轧辊直径等都是预先设定好的，不能随便调整，因此，选择合理的张力制度、轧制速度、轧制温度等就成为控制管端增厚的主要方法和手段。在生产实践中，还可以采用增壁微张力减径等方法减少管端增厚。

2.1.3　钢管外径超差问题

钢管外径超差分为外径超正差和超负差。外径超正差值是指实际外径值超过理论外径值；外径超负差是指实际外径值小于理论外径值。产生钢管外径超差的主要原因为：

(1) 成品孔型偏差较大或孔型磨损较严重。

(2) 减径前钢管温度过高或者过低，不在减径温度范围内。

(3) 轧辊质量达不到要求或者磨损不均匀。

2.1.4　钢管外表面青线问题

青线是指钢管外表面呈现对称或不对称的轴向线形轧痕。青线产生的原因主要有：

(1) 单机架减径率过大，钢管过充满挤入辊缝而形成青线。

(2) 孔型椭圆度设计太小或孔型磨损后椭圆度变小，钢管压缩后宽展量不足，钢管过充满挤入辊缝。

(3) 轧辊套与轧辊轴之间间隙大，轴向锁紧失效产生位移，导致辊缝过大，钢管挤入辊缝。

(4) 由于轧辊套与轧辊轴之间过松，轧辊沿辊轴径向跳动，造成孔型辊缝处两个轧辊之间不能平滑过渡，在钢管表面压出青线。

(5) 轧制低温钢。

(6) 来料尺寸过大。

(7) 轧辊辊缝倒角不合要求。

(8) 轧辊超寿命使用，磨损严重。

(9) 用圆孔型轧制 D/δ 比较大的薄壁管。

(10) 电机转速与设定值相差较大。

(11) 锁紧缸未锁紧，导致机架窜动等。

从青线的形状来看，挤入辊缝造成的青线两边平整，而辊缝错位压出的青线则有一台阶。要消除青线，首先要找出产生青线的机架。寻找方法可采用轧卡法，即当一根钢管刚好充满所有机架时，立即停止轧制，然后将钢管从减径机中退出来，可从钢管表面清楚地看到青线产生于哪一机架，更换该机架即可消除青线。

青线的消除方法有：

(1) 合理设计轧辊孔型，比如生产中发现孔型设计不合理应及时修正。

(2) 轧辊辊缝倒角应满足技术要求。

(3) 轧辊不允许超寿命轧制。

(4) 杜绝低温轧制。

(5) 严格按技术要求装配轧辊，轧辊窜动或跳动的机架要及时更换。

(6) 更换机架后应检查机架是否到位。

(7) 不要用圆孔型轧制 D/δ 比较大的薄壁管。

(8) 定期检测电机转速，要使设定值符合生产要求。

2.1.5 鹅头弯问题

钢管沿长度方向不平直或在钢管端部呈现鹅头状的弯曲称为“鹅头弯”。产生鹅头弯的原因主要有：

(1) 钢管炉内加热温度不均匀。

(2) 定/减径机精轧机架孔型中心线错位。

(3) 上下辊冷却不一致。

(4) 孔型配置不合适。

(5) 轧辊速度不合适。

（6）各架压下量分配不合理。

（7）出口辊道高度不适当等。

消除“鹅头弯”的主要方法有：

（1）在更换机架时，保证各机架的轴线在同一水平线上。

（2）保持定减径机上下辊冷却均匀。

（3）重新设计孔型，减径率及椭圆度过渡应平滑。

（4）根据轧制规格不同，要求配置不同的轧辊速度，使其形成张力轧制。

（5）合理分配定减径机各机架的压下量。

（6）出口辊道高度要适合。

（7）增加精轧机架以便减小端部弯曲。

2.1.6　结疤问题

结疤表现为产品表面有金属薄片，通常呈现舌、块、鱼鳞状且呈不规则分布。结疤产生的主要原因是：

（1）钢管材质不均匀，杂质多。

（2）导卫设备简陋，容易粘钢。

（3）钢管在二次加热时，钢管表面黏结着异物，在经过张力减径的时候，将钢管表面的异物压入钢管表层。

消除钢管表面结疤缺陷的方法有：

（1）保证钢管材质均匀。

（2）导卫设备设计要合理，避免轧制过程粘钢。

（3）荒管在再加热炉加热后，用高压水除鳞装置除鳞。

2.1.7　麻面问题

麻面是指钢管表面呈不规则凸凹麻坑的橘皮状表面层或残留在表面上的没有剥落的氧化铁皮。麻面产生的主要原因为：

（1）轧辊的孔槽磨损严重。

（2）荒管在再加热炉中停留时间过长或再加热温度过高，使表面生成过厚的氧化铁皮，并在轧制时压入钢管表面。

（3）再加热炉后高压水除鳞装置压力低，个别喷嘴堵塞，形成一条纵向氧化铁皮，轧制时压入钢管表面形成麻面。

（4）再加热炉步进梁或炉内辊道粘钢。

一般再加热炉步进梁粘钢产生纵向等距离麻面；炉内辊道粘钢有时为纵向等距离麻面，或为纵向一条连续麻面。

消除麻面的方法有：

（1）发现轻微麻面时，可用砂轮修磨轧辊，当麻面严重时，必须更换机架。

（2）严格按照加热规程进行加热操作，荒管在加热炉内加热时间不要过长，当张力减径机发生故障时，要降低再加热炉的炉温。

（3）再加热炉后的高压水除鳞水压力不得低于 12MPa，喷嘴堵塞要及时更换或疏通。

（4）再加热炉步进梁或辊道上粘钢要及时清理，特别严重时要更换。

2.1.8 管子断裂问题

发生管子断裂的主要原因有：

（1）加热时间过长或加热温度过高。

（2）孔型调整不合理，没有按规定的孔型系列安装对应的轧辊孔型。

（3）张力分配不合理，超过了轧件的抗拉强度。

（4）管子断裂多发生在小直径管和薄壁管的生产中。

消除管子断裂的方法有：

（1）在生产过程中应避免加热温度过高或加热时间过长，尤其在小规格管子的轧制过程中禁止加热温度超过 1100℃。

（2）严格按规定的孔型系列配置轧辊孔型。

（3）合理分配各机架张力。

2.1.9 堆钢问题

堆钢现象是指在轧制过程中，钢管在某一机架前出现堆积的现象。张力减径机本身具有过载保护作用（即差动齿轮箱和分速箱之间装有安全销）。当某一机架超载后安全销首先断裂，从而避免对差速齿轮的冲击。生产中安全销往往被操作工用螺栓代替，使张减机本身的过载保护起不到作用，并且还会影响齿轮的使用寿命。

产生堆钢的主要原因有：

（1）轧制过程中母管温度低时，造成单机架超载，安全销断裂，管子在机架前依次产生堆积，堆积会造成长时间停车，处理费事，还需要高水平的气割工。

（2）在母管咬入前有时由于管弯曲度大，碰到导管会出现短暂停顿。

（3）由于高压水作用会出现局部黑钢现象，造成单机架超载，产生堆钢。

（4）轧制过程中有时由于掉入管头或出现卡管也会造成堆钢现象，轧制小规格管材时还会出现跑管现象。

消除堆钢的方法有：

（1）避免温度低的管子进入轧机。

（2）当荒管较弯曲时要先关闭高压水，当咬入后再给高压水。

（3）出现堆钢现象时，要立即采取断电措施，减轻堆钢程度。

（4）在装辊和车辊时要保证精度，安装机架时要保证中心线的一致性，同时禁止开口管和管口有飞边的管子进入张力减径机。

2.2　减少和避免定减径过程中缺陷和事故的措施

2.2.1　制定减少和避免定减径缺陷的操作规程

在实际生产中为了减少和避免热轧（微）张力减径钢管的缺陷和轧卡，在操作规程中应包含以下几点：

（1）所有轧制工艺必须经过试轧和轧制考验，工艺验收合格后，严格按照轧制工艺进行轧制。

（2）定径机、微张力减径机、减径机前后的连续设备必须定期检查。

（3）定径机、微张力减径机、减径机的入口温度应加以检测，达不到轧制温度或温度不均匀的不能进行轧制。

（4）严格来料尺寸公差，达不到尺寸公差要求的不能进行轧制。

（5）轧辊必须按轧制量进行考核记录，不能超时超寿命工作。

（6）轧辊机架的轴承在装配前必须检查，装配时轴承游隙、螺旋锥齿轮齿侧间隙、辊缝必须符合技术要求，而且各紧固件的拧紧力矩也必须符合图纸要求，所有机架必须在显著位置标明编号。

（7）轧辊机架的轧辊加工必须按图样要求进行，加工后必须用三爪量具进行检测并记录。

（8）进定径机、微张力减径机、减径机前应有高压水除鳞装置，最适宜的压力为18MPa，以便更好地清除荒管的氧化铁皮。

（9）每次更换机架后检查主机座的滑板和挡块，确保表面清洁、光滑、无异物。

（10）每次更换机架后逐一检查锁紧缸是否锁紧，并定期检查是否满足工作要求。

（11）每次更换机架后逐一检查每一机架的冷却水装置，保证所有的喷嘴畅通无阻。

（12）更换机架时必须对要更换的机架按编号和实际孔型逐一进行检查，要符合对应的孔型系列。

另外，生产过程中要密切关注钢管内外质量的变化情况，发现质量问题，应及时进行分析，针对出现的不同问题和缺陷，采取有效的应对措施。

2.2.2 采取自控方法减少和避免定减径的缺陷和事故

2.2.2.1 张减径机防轧卡功能

正常生产情况下，张减机在进行轧制时，如果出现某个传动装置跳闸，控制系统将把张减机所有的传动都停机，从而使钢管卡在轧机中，处理轧卡需要花费很长时间。张减机采用多机架轧制空心钢管，当某一传动装置跳闸时，其余机架能够按原要求完成本根钢管的轧制，然后停机，避免轧卡。防轧卡技术就是利用该特点。

防轧卡控制技术与钢管头端在张力减径机中的位置有关，如果钢管头端还没有到达跳闸的机架后面，由于后面机架能通过的钢管尺寸比前面机架的小，轧件头端无法通过失去动力的机架。在轧制过程中，当某一个机架的传动装置跳闸时，控制系统根据跳闸的机架号、钢管在轧机中的位置等情况决定是否完成本根钢管的轧制。

2.2.2.2 钢管位置检测法

CEC 控制与钢管端部在轧机中的位置密切相关，必须将附加张力施加在预定的钢管部位，否则不但起不到减少切损量的目的，反而会将合格的钢管轧成废管，因此钢管在轧机中位置检测对 CEC 控制至关重要。为了能够精确地检测出钢管在张减机中的位置，需要采用模拟跟踪的方法来进行，比如采用最小二乘法来模拟跟踪检测钢管在轧机中的位置，在张减机前安装数只传感器作为虚拟机架，根据实际检测和轧制工艺参数计算钢管在每个机架后的速度，使用最小二乘法来推算钢管到达下一个机架的时刻，当检测到某个机架的咬钢信号时，根据此机架的咬钢时刻来修正最小二乘法的计算参数。实践应用证明，采用最小二乘法进行的模拟跟踪能准确地检测到钢管端部在轧件中的位置，为 CEC 控制的实现提供了基本条件。

2.2.2.3 增加机架断续排列控制功能

正常情况下，张减机的轧制机架是连续排列的，但在某个机座的设备出现故障时，如果要等修复后再进行生产，需要停产数小时。在这种情况下，往往不再使用该机座，采用机架断续排列的方式来进行生产。机架断续排列控制方式，是在基础自动化内开发了机架断续排列控制功能，采用该方式生产，只需输入不能使用的机座号，基础自动化将自动转换轧制参数，自动完成机架断续排列的轧机组态和设置，在机架断续排列的情况下，仍可以使用 CEC 功能。

参考文献

[1] 赵晓林，边勇兴．钢管“内六方”成因分析及对策［J］．钢管，2004，33（3）：35-38.
[2] 孙斌煜，张芳萍．张力减径技术［M］．北京：国防工业出版社，2012.
[3] 马辉，韩明旭．无缝钢管张力减径过程中产生内多边形的原因分析［J］．鞍钢技术，2006，337（1）：20-22.
[4] 王海金．热轧张减管质量控制［J］．承钢技术，2004，（3-4）：43-46.
[5] 武建兵．张力减径中产品缺陷及预防［J］．应用技术，2016（4）：114-116.
[6] 陈今良，等．单机架减径率对无缝钢管轴向壁厚影响的研究［J］．试验与研究，2015，44（1）：33-37.
[7] 贾宇，等．无缝钢管微张力减径过程的数值计算［J］．重型机械，2011，44（2）：44-47.
[8] 潘克云，等．圆孔型系统张力减径后钢管横向壁厚不均匀性的模拟［J］．钢铁研究学报，2000，12（2）：29-32.
[9] 方平．微张力减径中常见产品缺陷的成因及消除方法［J］．湖南冶金，1995,（2）：31-33.
[10] 冀文生．热轧微张力减径钢管的主要缺陷和消除方法［J］．机械管理开发，2005，（2）：20-21.
[11] 王金海．热轧张减管质量控制［J］．承德技术，2004，（3-4）：43-46.
[12] 单恩芝．自动化技术在宝钢钢管轧机改造中的应用［J］．宝钢技术，2006，（3）：27-30.
[13] 申陵帆，张芳萍，王琦，等．钢带张力减径过程中直径与壁厚的确定［J］．机械工程与自动化，2017（1）：17-19.
[14] 王超峰，郭延松，杜凤山．无缝钢管张力减径过程管壁增厚规律研究［J］．钢管，2019，48（2）：14-20.
[15] 瞿海霞，顾廷权，韩建增．张力减径辊断裂原因及改进措施研究［J］．钢管，2020，49（2）：67-71.

3　张力减径机的轧制理论

3.1　张力减径机的变形机理

3.1.1　张力减径机的轧制特点

一套张力减径机通常由20~30机架组成，各机架均有如图3-1所示的3个有槽轧辊。张力减径机的功能是在大量减径的同时适量减壁。为了达到这一目的，必须对相邻机架间的管子施加张力。张力减径机轧制技术的问题概述如下：

（1）为了生产出壁厚符合要求的钢管，重要的是要了解壁厚变化与机架间张力的关系，而后，需要一个能确保张力合适的速度计算模型。

（2）由于前端和尾端不能施加张力，所以管子两端的壁厚比中间部分厚。如果管子的端部壁厚超出允许公差，则端部必须切除，此切头损失对工艺的成材率有显著影响。

（3）管子尺寸受到限制从而形成内多边形，且内多边形的形成随壁厚增加和减径量增大而加剧。

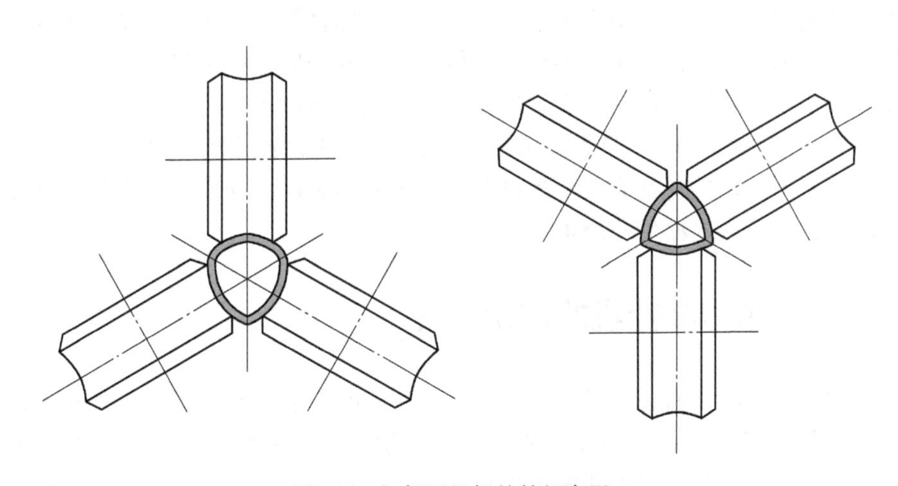

图3-1　相邻两机架的轧辊布置

3.1.2 张力减径机的轧制工艺

张力减径工艺是在普通减径工艺的基础上，对钢管增加拉伸张力。在张力减径机中，经初轧机轧制后的母管，通过一系列间距很小的三辊机架轧制到所要求的成品尺寸，轧制过程中，外径的减少与壁厚的改变同时发生。

壁厚的改变取决于减径过程中作用在管子上的纵向张力（拉伸力）。如果钢管在轧制时没有张力，壁厚通过圆周压应力会增加，在有张力轧制时，壁厚的增加被减少，而且管子的延伸增加，当张力接近于管子的屈服强度时，延伸增加可导致在直径减小的过程中壁厚甚至也减少，不同的延伸率与机架间轧辊转速增加的多少有关，轧辊转速的增加，可产生不同的摩擦力和不同的拉应力。

3.1.3 钢管张力减径过程中壁厚变化的分析

钢管无张力减径时，减径后的管壁大于原始壁厚，但沿管子全长壁厚都是相同的。张力减径时，管壁厚度保持不变或者略有减薄，而在不承受张力影响的管端则呈现壁厚增厚的现象。

影响管端增厚的因素很多（比如平均张力、总减径量和机架间距等），但造成管端增厚的主要原因是处于不稳定状态的端部与处于稳定状态的中间部分相比减少了有效张力（即端部与中间部分通过某一机架时所承受的张力不同）。通常钢管的尾端增厚长度是头端增厚长度的二倍，切头控制一般可通过动态改变电机转数，从而有效的降低切头损失。

机架的传动特性，对于钢管的张力减径过程具有特别重要的意义。在过渡过程（当管子的前端和后端通过轧机的时候）中，轧制力和轧制力矩会发生变化。如果传动是绝对刚性的，则各机架的轧辊速度的比将保持不变。差动传动的轧机就具有这样的性质。而在单独传动的轧机上减径的时候，由于过渡过程中载荷的变化，各机架的轧辊速度的比将发生变化，而这将会对张力的变化和端部壁厚增厚产生影响。也就是说，端部废品的重量，不仅与稳定过程中的张力的大小有关，而且也与传动的特性有关。各机架电动机的动态速度降增大，以及速度恢复时间增长，端部废品必然要增加。

3.2 钢管张力减径机的传动系统

正常的生产必须有正常的工艺保证，而正确的工艺必然与设备条件和生产工艺条件相关。钢管成品管外径主要取决于孔型尺寸，壁厚主要取决于张力的大小，而张力是由减径机组各机架的轧辊速度差引起的。因此实际生产中，确定好孔型系列后，要选择正确的各机架转速（或电动机转速），即确定正确的传动系数，从而保证成品管的壁厚。

张力减径机自 1932 年问世以来，其传动系统从单电机集中传动开始，先后采用了集中差速传动系统、单独差速传动系统、单独电气调速传动系统以及串联集中差速传动系统，如图 3-2 所示。

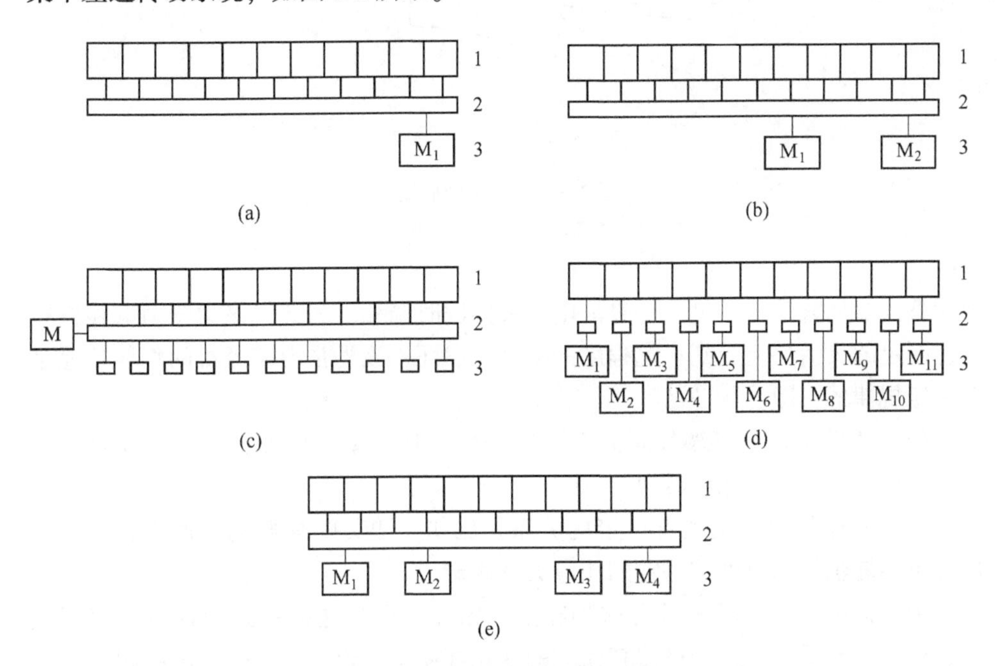

图 3-2 张力减径机的传动系统

1—张力减径机；2—齿轮箱；3—电机

（a）单电机集中传动系统；（b）集中差速传动系统；（c）单独差速传动系统；（d）单独电气调速传动系统；（e）串联集中差速传动系统

3.2.1 单独传动系统

单独传动系统是指每个张减机的机架都有一套独立的传动系统。单独差速传动系统包括单独直流电动机、交流电机集体传动—液压单独差速传动轧制工艺情况。单独差速式张力减径机的最大特点是可以各机架单独调速，只要在设计允许的速度范围内，各架轧机的速度均可单独调整。当选定了某一坯料、成品规格和孔型系列后，可以选用不同的速度系列（即各机架转速的总称）来实现这一轧制工艺。其速度系列如图 3-3 所示，其曲线是任意形状的任意曲线。

3.2.2 集中差速传动系统

交流电机集体传动——直流电机集体差速式张力减径机，其各架转数不能单

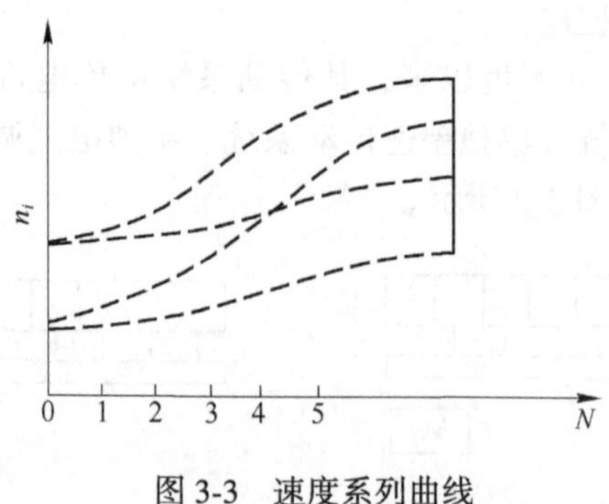

图 3-3　速度系列曲线

N—机架数；n_i—机架轧辊转数

独调整，要调整就得通过一个直流电机集体同时调整。因此，该类张力减径机在工艺制定的灵活性上受到一定程度的限制。然而，该类张力减径机的集体差速是有一定规律的，即：

（1）直流电机至各架轧辊间有一定的传动比关系。比如，已知直流电机转速就可以知道轧辊的相应转速。

（2）各架轧辊速度也有一定的关系。比如，知其中某架轧辊速度，那么其他各机架轧辊转速也就按一定的相应关系确定了。

由于该类张力减径机具有这种特点，因此，在为这种张力减径机制定工艺时，要充分给予考虑，严格按其速度的变化规律来制定。本类张力减径机的各机架速度关系，表现在如图 3-3 所示的坐标中必将是无数条有规律的曲线。在为它选配速度系列时，相当于从这无数条有一定规律的线中选出一条，来做某一轧制工艺的合理速度系列。随意的速度曲线形状是本类张力减径机所不允许的。

分析可知，一种轧制工艺只能对应一种速度系列。在坯料、成品外径及孔型系列选配后，要生产不同壁厚的钢管时，各工艺要求的速度曲线是各不相同的，显然，要在图 3-3 中找到工艺要求的速度曲线是很困难的，几乎是不可能的。

当然，速度系列选配有困难，那么是否可以先选定出某一种速度系列，据此来安排其他工艺参数（如坯料、成品规格、孔型系列等）呢？回答是肯定的。但这种制定工艺的方法，限制了工艺制定的灵活性、实用性，工艺参数往往是不合理的，也不能发挥出张力减径机的优势，因此认为这种办法是不可取的。相反，正确的办法应该是：根据生产及对产品质量的要求，考虑该类张力减径机能力的情况下，采用先安排坯料、成品规格、减径率、孔型系列等，最后选取工艺所需的速度系列。这样一来，选配合适于工艺要求的速度系列问题，就成为张力减径工艺制定中的关键问题之一。

3.2.3 串联集中差速传动系统

串联集中差速传动系统由两个机械独立的传动组组成。如图3-2(e)所示，每个传动组都是由1台基本电机和1台叠加电机传动的一套集中差速传动系统。采用串联集中差速传动的张力减径机，在轧制的稳定阶段（指钢管的中间部分轧制时）两个传动组的基本电机以相同的转速运行，而叠加电机则必须以精确的、协调的速度运行，即两个叠加电机的转速应满足关系式（3-1）：

$$n_{V_I} = k_1 n_{G_I}(\text{或 } n_{G_{II}}) + k_2 n_{V_{II}} \tag{3-1}$$

式中 n_{V_I}——第一组（入口组）的叠加电机转速，r/min；

n_{G_I}——第一组的基本电机转速，r/min；

$n_{G_{II}}$——第二组（出口组）的基本电机转速，r/min；

$n_{V_{II}}$——第二组的叠加电机转速，r/min；

k_1，k_2——协调系数。

在串联集中差速传动系统中，由于两个传动组相互独立，因而在钢管的头尾轧制或需要进行局部壁厚控制（WTCL）时，为使钢管延伸不同，两个传动组可以采用不同的张力制度。这取决于系统的速度设计，第一组的基本电机在机架轧辊上产生一个较大的转速比，叠加电机则产生一个较小的速度比，第二组则与此相反。这样，在第一传动组中，要靠减小差速比（差速比=叠加电机转速÷基本电机转速）来增大轧件延伸，即差速比越小，形成的张力越大，轧件延伸越显著，反之则不然。而在第二传动组中要靠增大差速比来增大轧件延伸，这与通常所见的集中差速传动相一致。

与普通的集中差速传动一样，串联集中差速传动在保持两个传动组的差速比不变的前提下，通过成比例地改变4个电机转速，可以加快或减慢轧制速度，而且不影响整个轧制过程的钢管变形量。

集中差速传动系统和单独电气调速传动系统，是国内较常见的传动方式。集中差速传动具有传动刚性好、电控简单、造价低等优点，但难以实施全过程自动化。单独电气调速传动系统虽可实施自动化，但一次性投资高，电气控制复杂，维修工作量大，生产中难以掌握。而串联集中差速传动系统既集合了集中差速传动系统和单独电气调速传动系统的优点，又弥补了这两套系统的不足。

3.2.4 混合传动系统

混合传动系统由两个相互独立的传动机构组成（见图3-4）第一组12个机架。放置在入口侧，由装有两台电机的普通差速传动系统控制，第二组12个机架，安装在出口侧，由一个单独传动系统来控制。

集体传动由1台主电机和1台调速电机带动，执行轧辊速度普通的扇形

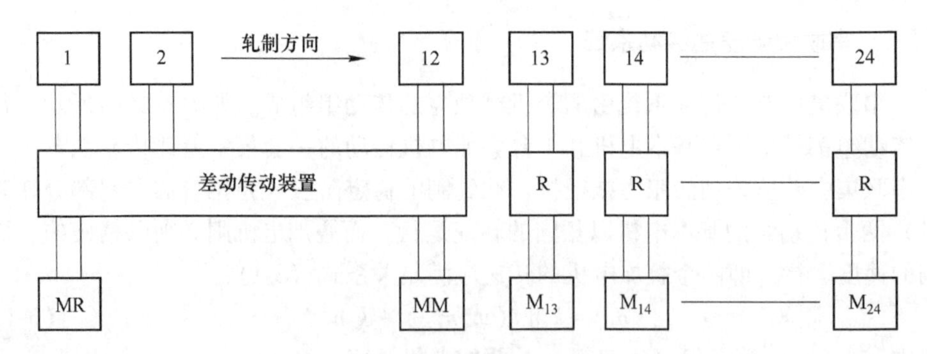

图 3-4　混合传动系统

变化。

主电机控制轧辊的基本转速，调速电机控制机架间的速比。

混合传动系统是建立在两个已被证明的传动系统基础上，无论是稳定状态，还是瞬时阶段，都能够使张力减径机工艺得到优化。

事实上，已证明单独传动系统的大部分优势在轧机的第二部分获得，这一部分可以精轧最小直径的钢管。

精轧部分的最佳质量，是使钢管内径公差限制到最小，可以通过使轧机轧槽的椭圆度最小来实现，优化轧槽的椭圆度，要求完美地控制每一个轧制道次钢管的张力。

张力系数的良好控制，只能在轧机的单独传动系统中实现。而且第二组机架的单独传动系统，当不放在最后机架时也可优化精轧机的速度曲线。

第一部分使用单独传动系统其实是不利的，这是因为要安装的功率比实际工艺需要的功率大得多，成本高，刚度也有限（提高切头尾损失），而且切头尾控制管理困难。除了正常的轧机间距调整外，还要加上临时速度调整。

因此，在轧机的第一部分安装集体传动系统是非常有利的（不仅仅是利于管理）。混合传动张力减径机具有以下优点：

（1）两部分速度系列完美匹配。

（2）切头尾在集体传动部分通过一个简单软件得到有效控制。

（3）优化了张力减径机第二部分轧制工艺（每一机架由一个电动机单独传动）。

（4）采用单独传动可精确地控制工艺，可以采用非常封闭的孔型设计。可以使管子内径多边效应（壁厚）最小，可以完全达到机架上理想的负荷图。这些优点在张力减径机的第二部分使用集体传动系统是无法实现的。

（5）在不处于轧制周期时，机架和它的传动可以停下来。

（6）在机效率高，发生故障时复位容易。

3.3 无缝钢管的变形

3.3.1 无缝钢管在机架上的变形

当管材在机架上受压时，直径和壁厚都发生变化。直径的变化决定于孔型的尺寸，壁厚的改变则同张力、壁厚与直径之比等因素有关。

现以管材在变形区的一个单元体为例，对其应力状态进行分析，如图 3-5 所示。径向应力 σ_r、切向应力 σ_θ 和轴向应力 σ_x 在管材断面和在变形区的分布都是不均匀的。这可以从管材出入口断面的应力不相等，和内外表面的应力不相等看出。考虑到应力在变形区分布很不均匀，因此分析实际的减径过程极其复杂。

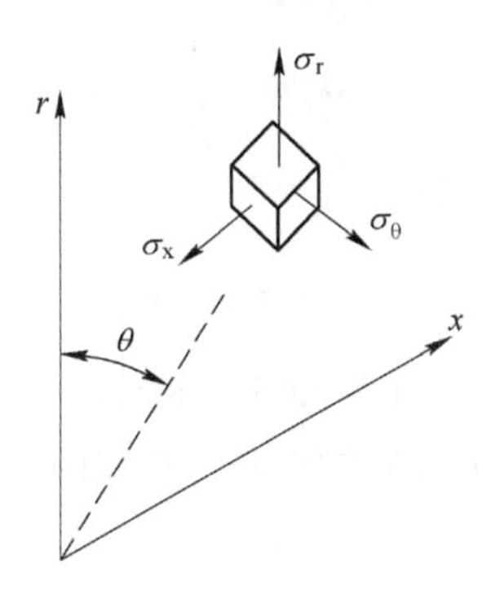

图 3-5 钢管变形区的一个单元体

下面分析理想方案，也就是应力分量 σ_r、σ_θ、σ_x 在沿变形区的任何一个断面上都是不变的，且等于实际过程中这些量的平均值（见图 3-5），在塑性理论中，应力同变形之间的关系由下式求得：

$$\begin{cases}\dfrac{\sigma_x-\sigma}{\varepsilon_x}=\dfrac{\sigma-\sigma_r}{\varepsilon_r}=\dfrac{\sigma_\theta-\sigma}{\varepsilon_\theta}\\ \varepsilon_x+\varepsilon_r+\varepsilon_\theta=0\end{cases}\tag{3-2}$$

$$\varepsilon_r=\ln\frac{s}{s_0};\ \varepsilon_\theta=\ln\frac{d-s}{d_0-s_0};\ \varepsilon_x=\ln\lambda\tag{3-3}$$

式中 σ ——平均应力，$\sigma=\frac{1}{3}(\sigma_r+\sigma_\theta+\sigma_x)$；

ε_r，ε_θ，ε_x ——径向、切向和轴向变形；

s_0 ——机架入口处的管材壁厚；

s ——机架出口处的管材壁厚；

d_0 ——机架入口处的管材外径；

d ——机架出口处的管材外径；

λ ——机架上管材的延伸系数。

代入塑性条件 $\sigma_x - \sigma_\theta = \sigma_\varphi$，并根据式（3-2）确定 ε_r 和 ε_x 与 ε_θ 的关系，即：

$$\varepsilon_r = -\beta\varepsilon_\theta;\ \varepsilon_x = -(1-\beta)\varepsilon_\theta \tag{3-4}$$

式中　σ_φ ——变形区内金属的变形阻力；

β ——管材的壁厚变化指数：

$$\beta = \frac{2(\sigma_x - \sigma_r) - \sigma_\phi}{(\sigma_x - \sigma_r) - 2\sigma_\phi}$$

其中，系数 β 表示轴向应力 σ_x 和径向应力 σ_r 对壁厚变化的影响。

在减径机轧辊使管材产生实际变形的过程中，径向应力从管材内表面的零变到外表面的最大值，取当量值 σ_r，即：

$$\sigma_r = -\frac{1}{2}p$$

减径时的平均单位压力 p 为：

$$p = n'_\sigma n''_\sigma \frac{2s_0}{d_0}\sigma_\theta \tag{3-5}$$

式中　n'_σ，n''_σ ——考虑外摩擦和非接触变形对单位压力影响的系数。

轴向应力沿变形区长度的分布同样是不均匀的，当量轴向应力可以用一个线性近似关系表示：

$$\sigma_x = \xi_0\sigma_{x_0} + \xi_1\sigma_{x_1} \tag{3-6}$$

式中　σ_{x_0} ——后轴向应力；

σ_{x_1} ——前轴向应力。

在式（3-6）中，$\xi_0 = \frac{2}{3}$，$\xi_1 = \frac{1}{3}$。

把式(3-6)的两边，各除以变形区金属塑性变形阻力 σ_ϕ，得出机架上平均塑性张力系数值 Z 为：

$$Z = \xi_0 x_0 + \xi_1 x_1 \tag{3-7}$$

$$x_0 = \frac{\sigma_{x_0}}{\sigma_\phi};\ x_1 = \frac{\sigma_{x_1}}{\sigma_\phi} \tag{3-8}$$

式中　x_0，x_1—— 后、前塑性张力系数。

由于相邻机架上的金属塑性变形阻力相差极小，所以通常取第 n 个机架上的后张力系数等于第 $n-1$ 个机架上的前张力系数。

把式(3-5)～式(3-7)的数值代入式(3-4)，得出：

$$\beta = \frac{1 - 2Z - (1-Z)\alpha}{2 - Z - 0.5(1-Z)\alpha} \tag{3-9}$$

式中 α——原始壁厚对机架上壁厚变化的影响指数，$\alpha = n'_{\sigma} n''_{\sigma} \dfrac{2s_0}{d_0}$。

确定出指数β后，就可以计算出机架上管材的壁厚变化和延伸，即

$$\left.\begin{aligned} s &= s_0 e^{\beta\varepsilon} \\ \lambda &= e^{(1-\beta)\varepsilon} \end{aligned}\right\} \tag{3-10}$$

式中 ε——管材的减径率，$\varepsilon = -\varepsilon_{\theta}$。

由于在机架上的减径率不大，所以可以取：

$$\Delta S = S - S_0 = S_0 \beta \varepsilon \tag{3-11}$$

从式(3-10)和式(3-11)可以看出，当$\beta = 0$时，管材在机架上减径后，其原始壁厚不变；当$\beta < 0$时，壁厚减薄；当$\beta > 0$时，壁厚增厚。根据管材薄壁程度S/d的不同，管材壁厚不发生变化（$\beta = 0$）的机架上塑性张力系数也不同，它的变化范围为$Z = 0.34 \sim 0.5$。

3.3.2 无缝钢管在机架间的变形

张力减径机在减径过程中的特点，是在中间一些机架上的管材纵向拉伸应力，大于该温度下的金属静塑性变形阻力。在金属迅速软化的情况下，管材在各个机架间将发生塑性变形。

管材的径向和切向变形，可根据式(3-2)计算。根据在线性应力状态下，$\sigma_r = \sigma_{\theta} = 0$，可得出：

$$\varepsilon_{M_r} = \varepsilon_{M_\theta} = \frac{\varepsilon_{M_x}}{2} \tag{3-12}$$

式中 ε_{M_r}，ε_{M_θ}——管壁、直径在机架间的变形。

上式表明，管材的直径和壁厚都由于在机架间的塑性变形而减小，并且减小的程度是相同的。所以在下一个机架上的减径率，比根据相邻孔型尺寸计算值要小。管材在各机架间的壁厚变化和延伸按式（3-13）计算：

$$\left\{\begin{aligned} s_{0i} &= s_{i-1} e^{-\varepsilon_{M_i}} \\ \lambda_m &= e^{2\varepsilon_M} \end{aligned}\right. \tag{3-13}$$

式中 s_{0i}——i号机架入口处管材的壁厚；

s_{i-1}——$i-1$号机架出口处管材的壁厚；

ε_{M_i}——i号和$i-1$号机架间管材的径向变形。

式(3-13)与用计算机架上变形的公式(3-10)相似。从式(3-4)和式(3-12)可以看出，式(3-13)可以通过把$\beta = -1$代入式(3-10)而得出。

这些公式表明，在相同的径向变形情况下，机架间的壁厚变化比在机架上的壁厚变化（通常$|\beta| < 0.5$）要剧烈。

由于机架间的变形不大，所以可取

$$\Delta S_{M_i} = S_{i-1} - S_{0i} = \varepsilon_{M_i} S_{i-1} \tag{3-14}$$

3.3.3 无缝钢管张力减径时的总变形

机架出口处管材的壁厚为：

$$s_k = s_0 \frac{s_1}{s_0} \frac{s_{02}}{s_1} \frac{s_2}{s_{02}} \frac{s_{03}}{s_2} \cdots \frac{s_{k-1}}{s_{0(k-1)}} \frac{s_{0k}}{s_{k-1}} \frac{s_k}{s_{0k}} = s_0 \prod_{i-1}^{k} \frac{s_{0i}}{s_{i-1}} \frac{s_i}{s_{0i}}$$

将 $\frac{s_i}{s_{0i}}$ 和 $\frac{s_{0i}}{s_{i-1}}$ 的计算式代入式(3-10)和式(3-13)，得：

$$s_k = s_0 \exp \sum_{i=1}^{k} (\beta_i \varepsilon_{B_i} - \varepsilon_{M_i}) \tag{3-15}$$

以此类推，管材在 k 号机架上的总延伸为：

$$\lambda_{0k} = \frac{F_0}{F_k} = \exp \sum_{i=1}^{k} [(1 - \beta_i)\varepsilon_{B_i} - \varepsilon_{M_i}] \tag{3-16}$$

式中 ε_{B_i} ——管材在机架上的减径率，$\varepsilon_{B_i} = \varepsilon_i - \varepsilon_{M_i}$

ε_i ——相邻孔型的相对减径率，$\varepsilon_i = \frac{d_{i-1} - d_i}{d_{i-1}}$；

F_0 ——坯料的横断面积；

F_k ——k 号机架上出口处管材的横断面积。

按式(3-15)和式(3-16)还可以计算管材在轧机上的总的壁厚变化和总的延伸值。

根据实验数据，在机架上的壁厚减薄可达 0.12mm，在机架间壁厚减薄可达 0.10mm。当总减径率为 75%时，轧机上总的壁厚减薄率达 32%，而延伸率达 8 倍。在总减径率为 85%的情况下，总延伸率达到 11.8 倍。

从式(3-15)和式(3-16)可以看出，轧制过程中，张力的改变导致管材壁厚的变化。在逐根减径时，每次管材咬入轧机和从轧机抛出时，都要发生张力变化，从而导致端部的管壁比中间部分厚。

参 考 文 献

[1] Chihiro Hayashi（日）. 无缝钢管轧制的塑性理论及其在现场的应用 [J]. 钢管，1989 年增刊.

[2] 于俊春，郭长武. 双电动机集中差速传动张力减径电动机速度的计算 [J]. 钢铁，2001，36（8）：56-58.

[3] 方平. 串联集中差速传动的钢管张力减径机 [J]. 钢管，1996（5）：47-49.

[4] 张芳萍. 张力减径过程的理论分析 [D]. 太原：太原重型机械学院，2002.

[5] 王超峰，郭延松，杜凤山. 无缝钢管张力减径过程管壁增厚规律研究 [J]. 钢管，2019，

48（2）：14-20.

[6] 郭延松．张力减径过程管端增厚机理与控制策略研究［D］．秦皇岛：燕山大学，2018.

[7] 尚永忠，王文强，刘国庆，等．张力减径机头尾壁厚控制系统的开发与实践［J］．钢管，2017，46（6）：36-38.

[8] 王建辉，董海波，覃宣．张力减径机不同传动系统刚度及响应特性对比分析［J］．钢管，2015，44（5）：74-78.

4 无缝钢管张力减径变形理论

张力减径变形理论的研究是一个古老的课题。从19世纪末开始发展了理论分析方法，通常来说，用传统轧制理论分析方法求解塑性变形问题时，变形体需要满足平衡微分方程、变形一致方程、本构关系、塑性条件、边界条件和初始条件。想要得到真实解需要联立这些方程组，但实际上求解是极为困难的，甚至是不可能的。为此，不少专家学者在如何简化求解这个问题上作出了很多努力，导出了许多近似求解的方法，这些近似解在过去的实践过程中，已经取得了很好的效果。为了提高钢管在张力减径过程中的质量，必须深入分析钢管在张力减径过程中变形的几何关系，进行张力减径过程中各种参数的优化设定。

4.1 张力减径时金属塑性变形参数确定

荒管在张力减径过程中，其变化状态满足以下规律：

（1）荒管在变形区内受到对称外力的作用。圆周方向受到对称的轧制压力，在纵向受到均匀分布的轴向张力，接触表面受到均匀分布的摩擦力作用。

（2）由于没有芯棒作用，在张力减径过程中内表面不受外力作用。

（3）忽略张力减径过程中横向截面上产生的剪切应力，不考虑其横向截面上产生微小的弯曲。

（4）钢管在轧制过程中，各机架间遵循秒流量相等的原则。

4.1.1 张力减径对数应变

钢管在定径、减径和张力减径过程中，产生轴向应变 ε_1、径向应变 ε_r 和圆周长度变化的周向应变 ε_α， 这三个应变是改变钢管形状的主要应变。在垂直轴线方向的横断面上产生剪切应变 γ_{hw} ，它不会引起管子形状的变化，而只能使横断面产生弯曲和由弯曲产生的附加应力，因此它是一种多余的应变，在轧制过程中应想办法尽可能去减小。传统设计方法中为了便于分析，都忽略此剪切应变，而只考虑三个方向上的主应变。这意味着在整个变形期间，变形体上所有的应变主轴具有同一方向，主变形方向不产生转动，这种变形被称作均匀变形。

在塑性加工中，广泛采用对数应变系数（或称真实应变）来表示均匀变形体的有限应变。与应变系数（条件应变）相比，对数应变（真实应变）能更精确地表示物体的变形程度。

在简单拉伸中，假设张力减径前荒管的长度为 l_{i-1}，张力减径后长度为 l_i，则钢管的轴向相对伸长系数为：

$$\phi = \frac{l_{i-1} - l_i}{l_{i-1}} = \frac{\Delta l}{l} \tag{4-1}$$

为引出对数应变系数，将整个拉伸过程视为由许多微小形变阶段叠加而成，对于任意微小形变阶段，钢管的伸长应变之和用式（4-2）表示：

$$\varepsilon_1 = \int \mathrm{d}\phi = \int_{i-1}^{i} \frac{\mathrm{d}l}{l} = \ln \frac{l_i}{l_{i-1}} \tag{4-2}$$

式中　l_{i-1} ——变形前钢管的长度，mm；

　　l_i ——变形后钢管的长度，mm。

变形过程中金属的流动遵守秒流量相等原则，则：

$$\frac{l_i}{l_{i-1}} = \frac{A_{i-1}}{A_i} \tag{4-3}$$

式中　A_{i-1} ——变形前的断面面积，mm^2；

　　A_i ——变形后的断面面积，mm^2。

任一横断面的面积 A 为：

$$A = \pi\delta(d - \delta) \tag{4-4}$$

式中　d ——管子的外径，mm；

　　δ ——管子的壁厚，mm。

由式(4-2)~式(4-4)可知，钢管的纵向应变又可以通过断面面积来表示，即钢管的纵向应变反映了横断面沿轧制方向的变化。其计算公式如下：

$$\varepsilon_1 = \ln \frac{A_{i-1}}{A_i} = \ln \frac{\delta_{i-1}(d_{i-1} - \delta_{i-1})}{\delta_i(d_i - \delta_i)} \tag{4-5}$$

式中　d_{i-1}，d_i ——变形前、后的钢管直径，mm；

　　δ_{i-1}，δ_i ——变形前、后的钢管壁厚，mm。

参照对纵向应变的定义，反映壁厚变化的径向对数表达式为：

$$\varepsilon_r = \ln \frac{\delta_{i-1}}{\delta_i} \tag{4-6}$$

管子的平均周长为：

$$\bar{L} = \pi(d - \delta) \tag{4-7}$$

所以管子的周向应变对数表达式为：

$$\varepsilon_\alpha = \ln \frac{L_i}{L_{i-1}} = \ln \frac{d_i - \delta_i}{d_{i-1} - \delta_{i-1}} \tag{4-8}$$

根据应变关系，得：

$$\varepsilon_1 + \varepsilon_r + \varepsilon_\alpha = 0 \tag{4-9}$$

故可以得到以下计算径向应变的表达式

$$\varepsilon_1 = -\varepsilon_r - \varepsilon_\alpha = \ln \frac{\delta_{i-1}}{\delta_i} \frac{d_{i-1} - \delta_{i-1}}{d_i - \delta_i} \tag{4-10}$$

4.1.2　径向平衡微分方程

在变形区内截取一扇形单元体（见图 4-1），列出径向受力平衡方程式，即：

$$2\int_0^\alpha (\sigma_r + d\sigma_r)(r + \mathrm{d}r)\cos\alpha \mathrm{d}\alpha - \int_0^\alpha \sigma_r r\cos\alpha \mathrm{d}\alpha - 2\sigma_\alpha \mathrm{d}r\sin\alpha = 0 \tag{4-11}$$

去除等式(4-11)中左边的高阶无穷小，可得：

$$\mathrm{d}\sigma_r = (\sigma_\alpha - \sigma_r)\frac{\mathrm{d}r}{r} \tag{4-12}$$

对式(4-12)等号两边积分，积分区间为从内径到外径，可得：

$$\sigma_{r_b} - \sigma_{r_a} = \int_{r_a}^{r_b} (\sigma_\alpha - \sigma_r)\frac{\mathrm{d}r}{r} \tag{4-13}$$

式中　r_a——荒管的内径，mm。

　　　r_b——荒管的外径，mm。

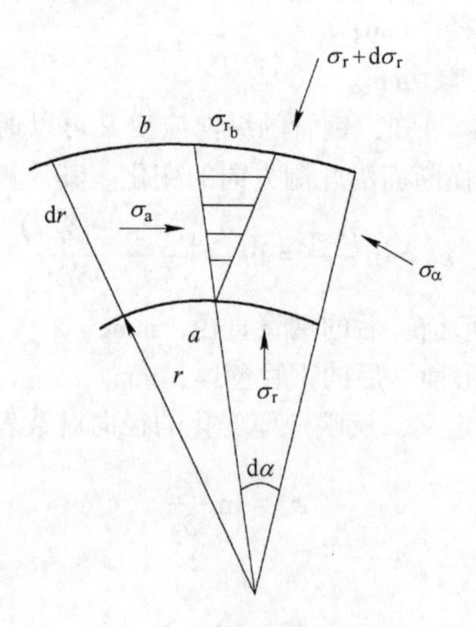

图 4-1　扇形单元受力图

由于张力减径是无芯棒轧制，故在钢管的内表面径向压力为零，而外表面径向压力最大。假设径向压力呈线性变化，横断面上的平均径向应力为：

$$\sigma_{r_m} = \frac{1}{2}(\sigma_{r_b} - \sigma_{r_a}) = \frac{1}{2}\sigma_{r_b} \tag{4-14}$$

在轴对称均匀变形时，σ_α 为常数，故 $d\sigma_\alpha = 0$，式(4-12)可写成：

$$\frac{dr}{r} = -\frac{d(\sigma_\alpha - \sigma_r)}{\sigma_\alpha - \sigma_r} \tag{4-15}$$

积分，得：

$$Cr = \frac{1}{\sigma_\alpha - \sigma_r} \tag{4-16}$$

根据边界条件 $r = \frac{d - 2S}{2}$ 时，$\sigma_{r_a} = 0$，求出积分常数为：

$$C = \frac{1}{\left(\frac{d}{2} - \delta\right)\sigma_\alpha} \tag{4-17}$$

将式(4-17)代入式(4-16)，经整理，得：

$$\frac{\sigma_r}{\sigma_\alpha} = 1 - \frac{d - 2\delta}{2r} \tag{4-18}$$

将平均直径 $r_m = \frac{d - \delta}{2}$ 代入式(4-18)，得：

$$\frac{\sigma_{r_m}}{\sigma_\alpha} = \frac{\delta}{d - \delta} = \omega_m \tag{4-19}$$

式中　ω_m——平均壁厚系数。

在平均直径 $\frac{d - \delta}{\delta}$ 处的径向应力为：

$$\sigma_{r_m} = \frac{1}{2}\sigma_{r_b} = \sigma_\alpha \omega_m \tag{4-20}$$

式(4-20)给出了外径 d 、壁厚 δ 和轧槽作用于管子外表面而引起的单位应力 σ_r 与周向应力 σ_α 之间的关系。

4.1.3 形状变化系数

形状变化系数是指将钢管三个主应变 ε_1、ε_r 和 ε_α 大小之间的关系用形状变化系数来表示的参数。在体积不变条件的约束下，如果 $\varepsilon_r = -0.5\varepsilon_1$，则存在 $\varepsilon_\alpha = -0.5\varepsilon_1$；如 $\varepsilon_\alpha \neq \varepsilon_1$，三个主应变在不同比之下会引起不同的变形（减径或是扩径，减壁或是增壁）。设

$$\varepsilon_\alpha = -(0.5 - v)\varepsilon_1 \tag{4-21}$$

$$\varepsilon_r = -(0.5 + v)\varepsilon_1 \tag{4-22}$$

将形状系数 v 定义为：

$$v = 0.5 + \frac{\varepsilon_\alpha}{\varepsilon_1} \tag{4-23}$$

或

$$v =- 0.5 - \frac{\varepsilon_r}{\varepsilon_1} \tag{4-24}$$

将 v 取不同数值代入式(4-24)中，可得到不同 v 值下的 ε_α、ε_r 值（见图4-2）。将 ε_α、ε_r 二直线方程作图，并由图可见，在 v 轴上方（即 $\varepsilon_\alpha > 0$、$\varepsilon_r > 0$），为扩径、增壁区；在 v 轴下方（即 $\varepsilon_\alpha < 0$、$\varepsilon_r < 0$），为减径、减壁区。只有当 $-0.5 < v < 0.5$ 时才能既减径又减壁；当 $v =- 0.5$ 或 $v = 0.5$ 时，则为平面应变。

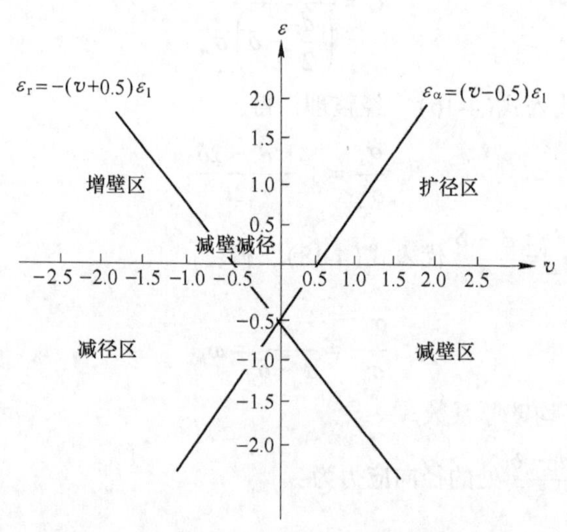

图 4-2　形状变化系数与管壁、外径的变化关系

4.1.4　应力—应变关系

在传统的方法中，通过引入形状系数和壁厚系数等一系列的变换，可推导出应变与应力的关系式。将 Levy-Mises 塑性流动法则 $(\sigma_1 - \sigma_2)^2 + (\sigma_2 - \sigma_3)^2 + (\sigma_3 - \sigma_1)^2 = 6k^2$ 改写成如下形式：

$$\frac{\sigma_1 - \sigma_m}{\varepsilon_1} = \frac{\sigma_\alpha - \sigma_m}{\varepsilon_\alpha} = \frac{\sigma_r - \sigma_m}{\varepsilon_r} = k = \frac{1}{\lambda} \tag{4-25}$$

式中　σ_1，σ_2，σ_3——变形体主平面上的正应力（或主应力），MPa；

k——剪切屈服强度。

σ_m——平均应力，MPa，表达式如下所示：

$$\sigma_m = \frac{\sigma_l + \sigma_\alpha + \sigma_r}{3} \tag{4-26}$$

由塑性力学理论可知，主应力张量可以用应力球张量（静水压力状态）和应力偏张量表示。因为材料塑性变形只与应力偏张量有关，而与应力球张量无关，因此 Mises 屈服条件用应力偏张量形式可表示为：

$$(\sigma_l' - \sigma_\alpha')^2 + (\sigma_\alpha' - \sigma_r')^2 + (\sigma_r' - \sigma_l')^2 = 2k_f^2 \tag{4-27}$$

式中　k_f——材料的变形抗力，MPa。

将式(4-25)代入式(4-27)，得：

$$k = \frac{\sqrt{2}k_f}{\sqrt{(\varepsilon_l - \varepsilon_\alpha)^2 + (\varepsilon_\alpha - \varepsilon_r)^2 + (\varepsilon_r - \varepsilon_l)^2}} \tag{4-28}$$

将式(4-28)代入式(4-25)，可得到 3 个偏应力分量与对数应变关系的表达式为：

$$\sigma_l' = \sigma_l - \sigma_m = \frac{\sqrt{2}k_f\varepsilon_l}{\sqrt{(\varepsilon_l - \varepsilon_\alpha)^2 + (\varepsilon_\alpha - \varepsilon_r)^2 + (\varepsilon_r - \varepsilon_l)^2}} \tag{4-29}$$

$$\sigma_\alpha' = \sigma_\alpha - \sigma_m = \frac{\sqrt{2}k_f\varepsilon_\alpha}{\sqrt{(\varepsilon_l - \varepsilon_\alpha)^2 + (\varepsilon_\alpha - \varepsilon_r)^2 + (\varepsilon_r - \varepsilon_l)^2}} \tag{4-30}$$

$$\sigma_r' = \sigma_r - \sigma_m = \frac{\sqrt{2}k_f\varepsilon_r}{\sqrt{(\varepsilon_l - \varepsilon_\alpha)^2 + (\varepsilon_\alpha - \varepsilon_r)^2 + (\varepsilon_r - \varepsilon_l)^2}} \tag{4-31}$$

将形状系数 $v = 0.5 + \frac{\varepsilon_\alpha}{\varepsilon_l}$ 代入式(4-29)～式(4-31)，可得到用材料的变形抗力 k_f 和形状系数 v 表示的偏应力分量表达式，即：

$$\begin{cases} \sigma_l' = \dfrac{k_f}{\sqrt{3}\sqrt{v^2 + 0.75}} \\ \sigma_\alpha' = -\dfrac{(0.5 - v)k_f}{\sqrt{3}\sqrt{v^2 + 0.75}} \\ \sigma_r' = -\dfrac{(0.5 + v)k_f}{\sqrt{3}\sqrt{v^2 + 0.75}} \end{cases} \tag{4-32}$$

于是有：

$$\sigma_l - \sigma_r = \frac{k_f(1.5 + v)}{\sqrt{3}\sqrt{v^2 + 0.75}} \tag{4-33}$$

$$\sigma_\alpha - \sigma_r = \frac{2k_f v}{\sqrt{3}\sqrt{v^2 + 0.75}} \tag{4-34}$$

将式(4-34)代入式(4-13)积分，考虑到 $\sigma_m = 0$，得：

$$\sigma_{r_b} = \frac{2k_f v}{\sqrt{3}\sqrt{v^2 + 0.75}} \ln \frac{r_b}{r_a} \tag{4-35}$$

引入平均壁厚系数，即：

$$\omega_m = \frac{\delta}{d - \delta} = \frac{r_b - r_a}{2r_b - (r_b - r_a)} = \frac{\dfrac{r_b}{r_a} - 1}{\dfrac{r_b}{r_a} + 1} \tag{4-36}$$

将 $\dfrac{r_b}{r_a} = \dfrac{1 + \omega_m}{1 - \omega_m}$ 代入式(4-35)，得：

$$\sigma_r = \frac{1}{2}\sigma_{r_b} = \frac{k_f}{\sqrt{3}} \frac{v}{\sqrt{v^2 + 0.75}} \ln \frac{1 + \omega_m}{1 - \omega_m} \tag{4-37}$$

由式(4-33)和式(4-34)可得到另外两个应力分量，即：

$$\sigma_\alpha = \frac{2k_f v}{\sqrt{3}\sqrt{v^2 + 0.75}} + \sigma_r \tag{4-38}$$

$$\sigma_1 = \frac{k_f(1.5 + v)}{\sqrt{3}\sqrt{v^2 + 0.75}} + \sigma_r \tag{4-39}$$

4.1.5　张力减径塑性变形方程

径向受力平衡方程为：

$$\sigma_1 = \omega_m \sigma_\alpha \tag{4-40}$$

屈雷斯卡（H. Trasca）屈服条件为：

$$\sigma_1 - \sigma_\alpha = k_f \tag{4-41}$$

式中　k_f——变形抗力，材料单向屈服应力，相当于拉伸试验时的屈服点。

本构方程为：

$$(\sigma_1 - \sigma_m) : (\sigma_\alpha - \sigma_m) : (\sigma_r - \sigma_m) = \varepsilon_1 : \varepsilon_\alpha : \varepsilon_r \tag{4-42}$$

$$\sigma_1 - \sigma_m = \sigma_1 - \frac{1}{3}(\sigma_1 + \sigma_\alpha + \sigma_r) = \frac{2}{3}\sigma_1 - \frac{1}{3}\sigma_\alpha - \frac{1}{3}\sigma_r \tag{4-43}$$

引入壁厚系数，得：

$$\sigma_1 - \sigma_m = \frac{k_f}{3}\left[(1 + \omega_m) + \frac{\sigma_1}{k_f}(1 - \omega_m)\right] \tag{4-44}$$

引入张力系数，得：

$$\sigma_1 - \sigma_m = \frac{k_f}{\sqrt{3}}\left[(1 + \omega_m) + Z(1 - \omega_m)\right] \tag{4-45}$$

同理，可得：

$$\sigma_{\alpha} - \sigma_{m} = \frac{k_{f}}{3}[Z(1 - \omega_{m}) - (2 - \omega_{m})] \tag{4-46}$$

$$\sigma_{r} - \sigma_{m} = \frac{k_{f}}{3}[2Z(\omega_{m} - 1) + (1 - 2\omega_{m})] \tag{4-47}$$

将式(4-45)~式(4-47)代入式(4-25)，得：

$$\frac{Z(1 - \omega_{m}) + (1 + \omega_{m})}{\varepsilon_{l}} = \frac{Z(1 - \omega_{m}) - (2 - \omega_{m})}{\varepsilon_{\alpha}} = \frac{2Z(\omega_{m} - 1) + (1 - 2\omega_{m})}{\varepsilon_{r}} \tag{4-48}$$

式(4-48)称为张力减径塑性变形方程，反映了在轧制过程中，产生于钢管内的 ε_{r}、ε_{l}、ε_{α} 与 Z、ω_{m} 之间的关系，是导出各架壁厚的基本公式。

4.2 张力减径时工艺参数和力能参数

4.2.1 钢管热尺寸的计算

本节以国内某厂 ϕ250MPM 微张力减径机组为例。轧辊理论直径为 360mm，相邻机架之间的间距为 330mm；机架数为 8 架；轧辊总数为 8 × 3=24 根，轧辊材料为稀土球墨铸铁，轧制温度为 900～1100℃；荒管尺寸为 ϕ162. 25mm×19. 12mm，荒管长度为 2400mm，成品管尺寸为 ϕ132. 88mm×19. 79mm；荒管材料为 20 钢；荒管在微张力减径前先将其加热到 900℃，由于热胀冷缩的缘故，荒管的实际尺寸会发生变化。钢管的热尺寸计算公式为：

$$D = (1 + \alpha T)D_{0} \tag{4-49}$$

$$\delta = (1 + \alpha T)\delta_{0} \tag{4-50}$$

式中 D，δ——热钢管的外径和壁厚，mm；

D_{0}，δ_{0}——冷钢管的外径和壁厚，mm；

α——热膨胀系数，$\alpha = 1.2 \times 10^{-5}$；

T——温度，$T = 900$℃。

根据式(4-49)和式(4-50)，可得到荒管热尺寸为 ϕ164. 00mm×19. 34mm，成品管的热尺寸为 ϕ134. 32mm×20. 00mm。

4.2.2 张力系数及其壁厚

为了计算壁厚值，首先确定 $\frac{\delta}{D}$ 和 A。其计算公式如下：

$$\frac{\delta}{D} = \frac{1}{2}\left(\frac{\delta_{1}}{D_{1}} + \frac{\delta_{c}}{D_{c}}\right) \tag{4-51}$$

$$A = \frac{\ln \dfrac{\delta_c}{\delta_1}}{\ln \dfrac{D_1}{D_c}} \tag{4-52}$$

式中 D_1 ——荒管直径；

δ_1 ——荒管壁厚；

D_c ——成品管直径；

δ_c ——成品管壁厚；

$\dfrac{\delta}{D}$ ——壁厚系数；

A ——相关系数。

目前为止，整个减径机组的总平均张力系数 $\overline{Z}_\Sigma$ 没有成熟的公式可以计算。但是根据实际生产经验，可以画出 Z_i 与 A 、$\dfrac{\delta}{D}$ 的关系曲线图，如图 4-3 所示。

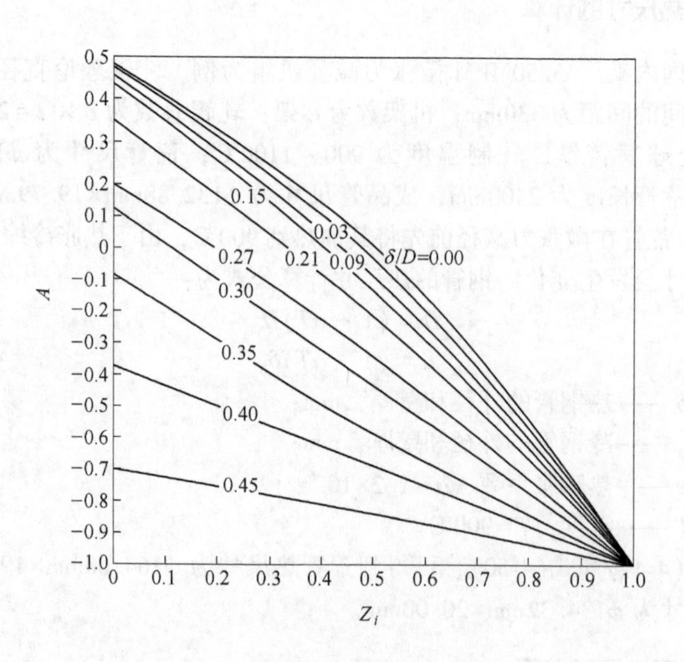

图 4-3 确定平均张力系数的曲线

根据已知的张力减径过程中荒管尺寸和成品管尺寸，可以确定 $\dfrac{S}{D}$ 和 A 值，然后查图 4-3 可得张力减径机组平均减径率 $\overline{Z}$。

根据 A 与 $\frac{\delta}{D}$ 及 $\overline{Z}$，确定 $Z_{\max}$ 值，最后根据总平均张力系数分配各机架张力系数。

计算壁厚变化的古利雅耶夫公式为：

$$\Delta\delta_i = A\frac{\delta_{i-1}}{D_{i-1}}\Delta D_i \tag{4-53}$$

$$A = \frac{2\left[1 - 3\frac{\delta_{i-1}}{D_{i-1}} - 2Z\left(1 - 2\frac{\delta_{i-1}}{D_{i-1}}\right)\right]}{(1 - \overline{Z})\left[1 + 3\left(1 - 2\frac{\delta_{i-1}}{D_{i-1}}\right)\right] + 2Z\left(1 - \frac{\delta_{i-1}}{D_{i-1}}\right)} \tag{4-54}$$

$$\delta_i = \delta_{i-1} - \Delta\delta_i \tag{4-55}$$

根据钢管通过各机架的平均张力系数，计算各机架壁厚值，并计算成品管壁厚值与热成品管所要求的壁厚值之间的误差。若误差值较大，则须重新分配张力系数并进行计算。

4.2.3 轧辊工作直径

无论张力减径机组轧辊孔型是圆孔型还是椭圆孔型。在孔型曲面上，由于沿孔型宽度方向的直径各不相同，孔型上的每一点的圆周速度也不同，但钢管从张力减径机轧辊出来的速度是统一的。在轧辊孔型上存在某一点的线速度与该机架的出口速度相等，因此称该点的轧辊直径为该机架轧辊的工作直径。轧辊工作直径简图如图 4-4 所示。

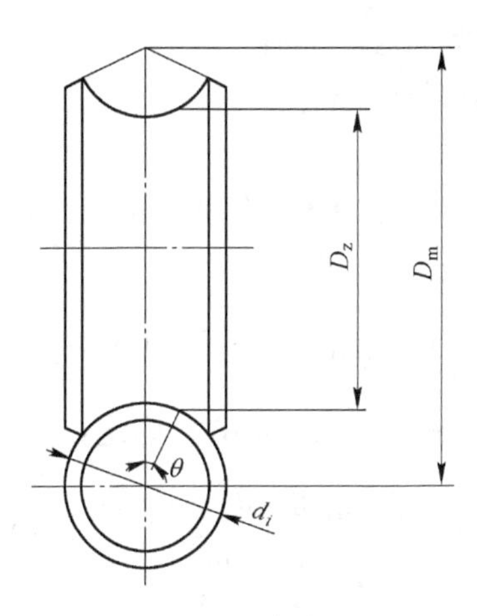

图 4-4 轧辊工作直径简图

轧辊工作直径 D_z、轧辊名义（理想）直径 D_m 和孔型平均直径 d_i 的关系式为：

$$D_z = D_m - cd_i \tag{4-56}$$

式中，系数 c 可用 $c=\cos\theta$ 计算，在三辊式定减径轧机的孔型中，从图 4-4 中可以看出，$\theta_{max}=60°$，$\theta_{min}=0°$，故系数 c 的值为 $0.5<c<1$。在极少数情况下也会出现 $c<0.5$ 或 $c>1$ 的情况。当 $c<0.5$ 时，则荒管速度将超过临界速度；当 $c>1$ 时，则在所有接触点，轧辊速度将大于荒管速度。

由式(4-56)可知，荒管速度有如下特性：当某孔型的轧辊速度 n 不变时，荒管速度由于 c 与 D_m/d_i 的变化，可在所假设的范围内变化，其极值由 $c=0.5$ 和 $c=1$来确定。

无张力轧制时，轧辊工作直径为：

$$D_z = D_m - d_i\cos\theta \tag{4-57}$$

带张力轧制时，荒管从孔径中轧出的速度增大，因此轧辊同荒管速度一致的点所形成的轧辊工作直径也相应要大些，夹角 θ 要有一个增量 $\Delta\theta$，此时代表着轧辊直径在孔径内位置的夹角为：

$$\theta_z = \theta + \Delta\theta \tag{4-58}$$

引用采利柯夫公式来计算 θ，无张力轧制时，θ 可由式(4-59)来确定，即：

$$\theta = \frac{\phi}{2}\left(1 - \frac{l}{\mu D_m}\right) \tag{4-59}$$

式中 l——孔型底部上的接触弧长，$l=\sqrt{R_{min}\Delta d}$，mm；

R_{min}——孔型底部轧辊半径，mm；

Δd——荒管在孔型中的减径量，mm，$\Delta d = d_{i-1} - 2b_i$；

d_{i-1}——入口荒管的平均直径，mm；

b_i——进入孔型的短半轴，mm；

μ——摩擦系数，$\mu=0.4$；

2ϕ——轧辊对荒管的包角，对于三辊式张减机，$\phi=\pi/3$。

将式(4-59)简化得：

$$\theta = \frac{\pi}{6}\left[1 - \sqrt{R_{min}(d_{i-1} - 2b_i)} \cdot \frac{1}{0.4D_m}\right] \tag{4-60}$$

$\Delta\theta$ 同前后张力有关，$\Delta\theta$ 可由式（4-61）确定：

$$\Delta\theta = \frac{\pi}{6}\frac{\sin\phi}{\sin\frac{\pi}{k}}\frac{\bar{d}_g}{2\mu\eta l}(Z_{i+1} - Z_i\lambda) \tag{4-61}$$

式中 k——机架中的轧辊数，$k=3$；

$\bar{d}_g$——进入孔型的荒管平均直径，mm；

λ——在该机架中的延伸系数；

η——考虑不接触变形区与张力的影响系数，η 可由式（4-62）确定：

$$\eta = 1 + \gamma \frac{\bar{d}_{g}}{l}\sqrt{\frac{\delta}{d_{g}}} \tag{4-62}$$

其中 γ——系数，减径机为 0.5~0.6；

δ——进入孔型的荒管壁厚；

Z_{i+1}，Z_i——前后张力系数。

整理式(4-60)，得：

$$\theta = \frac{\pi}{6}\frac{\bar{d}_{g}}{2\mu\eta l}(Z_{i+1} - Z_{i}\lambda) \tag{4-63}$$

带张力轧制时的轧辊工作直径由下式确定，即：

$$D_{z} = D_{m} - d_{i}\cos(\theta + \Delta\theta) \tag{4-64}$$

根据文献资料，在稳定轧制时，张力升起机架中的轧辊工作直径的位置处于孔型环附近；而在张力降落机架，轧辊工作直径位置却处于孔型底部附近；而对于工作机架，轧辊工作直径大约为上述张力升起和张力降落机架轧辊工作直径的平均值。

4.2.4 各机架轧辊转速

影响张力减径过程的重要参数张力是通过调节各机架轧辊转速来实现的。各机架轧辊转速可由式(4-65)来确定，即：

$$n_{i} = \frac{F_{k}}{F_{i}}n_{0}\frac{D_{id_1} - 0.9d_{a_k}}{D_{id_i} - 0.9d_{a_i}} \tag{4-65}$$

式中 F_k——荒管的断面面积，mm^2；

F_i——由 i 架轧出的管子断面面积，mm^2；

D_{id_1}，D_{id_i}——第一架与第 i 架的名义直径，mm；

d_{a_k}，d_{a_i}——荒管直径与在第 i 架轧出的管子直径，mm。

张力减径机第一机架的转速可由式(4-66)确定：

$$n_{0} = \frac{60v_{0}}{\pi(D_{id_1} - 0.9d_{a_k})} \times 1000 \tag{4-66}$$

张力升起机架与张力降落机架轧辊转速的修正。在转速计算公式中，轧辊的工作直径 $D_g = D_{im} - 0.9d_{g_i}$ 在张力恒定的情况下才正确。而对张力升起机架偏大，故乘以小于 1 的系数予以修正，经验数据见表 4-1。

表 4-1　机架与平均张力系数关系表

N	机组平均张力系数 $\overline{Z}$				
	0.00~0.29	0.3~0.43	0.44~0.52	0.53~0.59	≥0.6
1	0.97	0.94	0.91	0.88	0.85
2	0.98	0.96	0.94	0.92	0.90
3	0.99	0.98	0.97	0.96	0.95
4	1.0	1.0	1.0	1.0	1.0
⋮	⋮	⋮	⋮	⋮	⋮
n-4	1.0	1.0	1.0	1.0	1.0
n-3	1.01	1.01	1.01	1.01	1.01
n-2	1.016	1.016	1.016	1.016	1.016
n-1	1.022	1.022	1.022	1.022	1.022
n	1.028	1.028	1.028	1.028	1.028

已知荒管的入口速度，根据各道次孔型形状所确定的钢管外径和计算壁厚可以确定钢管在各道次的断面面积，进而可以求得钢管离开各机架时的出口速度和各机架的轧辊转速。随着道次的增加，钢管经过后面道次的出口速度逐渐增大，这是因为钢管经过后面道次的断面面积逐渐减小，机架的轧辊速度在轧制期间呈增大趋势。

4.2.5　变形区金属的速度关系

4.2.5.1　金属在变形区内各不同横断面上的流动速度之间的关系

根据塑性变形时，材料不可压缩的假设，可以认为轧制时，轧件的体积不变，因此在单位时间内通过变形区内任一横断面的金属流量（体积）为一常数。如果用 Q_0、Q_1 和 Q_x 表示每秒钟通过入口断面、出口断面及变形区内任一横断面的金属流量（简称秒流量），则有：

$$Q_0 = Q_x = Q_1 = \text{常数}$$

金属的秒流量等于轧件的横断面积与断面上质点的平均流动速度的乘积，即：

$$Q_0 = F_0 V_0,\ Q_x = F_x V_x,\ Q_1 = F_1 V_1$$

故有

$$F_0 V_0 = F_x V_x = F_1 V_1 = \text{常数} \tag{4-67}$$

式中　F_0，F_1，F_x——入口断面、出口断面及变形区内任一横断面的面积；

V_0，V_1，V_x——在入口断面、出口断面及任一断面上的金属平均流动速度。

根据式(4-67)可求得：

$$\frac{V_0}{V_1}=\frac{F_1}{F_0}=\frac{1}{\lambda} \tag{4-68}$$

式中 λ——轧件的延伸系数，λ 可由下式得出：

$$\lambda=\frac{F_0}{F_1}$$

根据式(4-68)有：

$$\frac{V_0}{V_1}=\frac{F_1}{F_0}=\frac{\pi(R_1^2-r_1^2)}{\pi(R_0^2-r_0^2)}=\frac{R_1^2-r_1^2}{R_0^2-r_0^2}$$

根据式(4-67)，可求得任意断面的速度与出口断面的速度有如下关系：

$$\frac{V_x}{V_1}=\frac{F_1}{F_x}$$

所以

$$V_x=V_1\frac{F_1}{F_x}=V_1\frac{R_1^2-r_1^2}{R_x^2-r_x^2} \tag{4-69}$$

4.2.5.2 接触面上节点的速度边界条件

对轧制问题来说，在接触面上的节点，须服从速度边界条件，即：

$$V_y=-\tan\phi V_x \tag{4-70}$$

式中 ϕ 为节点所在处的轧制特征角，如图 4-5 所示。

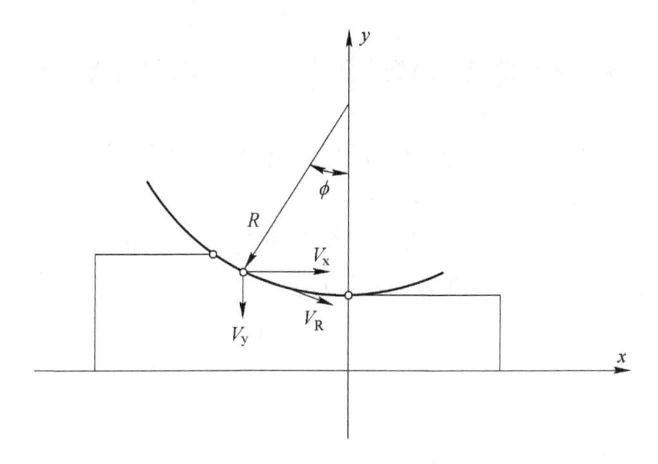

图 4-5 接触面上节点的速度边界条件

4.2.6 初始速度场的设定

在计算轧制力等力能参数时，求解过程需要有一个初始的节点速度分布。在进行迭代求解之前，首先要给出各单元的速度初值，即设定初始速度场，如图 4-6 所示。

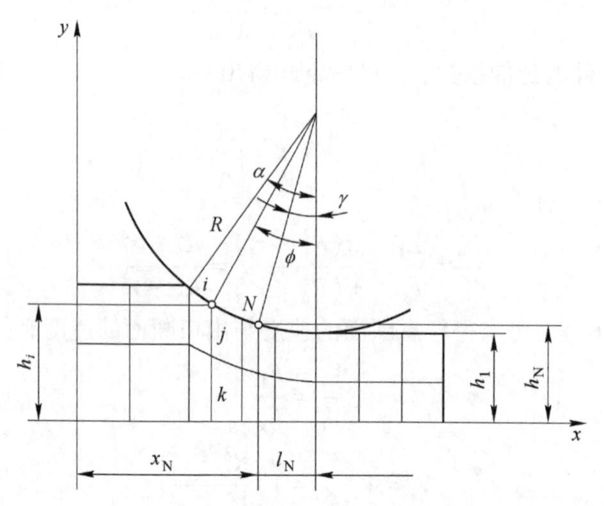

图 4-6　设定初速度场示意图

用 Newton 法求解非线性方程组时，初始速度场的设定对迭代过程能否收敛或收敛时的迭代次数都有重要的影响。目前设定初速度场仍是一种技巧性很强的工作，不可能也没有必要要求初速度场设定的十分准确，但是，它必须基本上符合实际情况，且必须严格满足速度边界条件、不破坏速度连续条件，近似满足体积不变条件。

据此，用初等方法来设定平面变形条件下，简单轧制情况的初速度场，应依据以下假设：

(1) 同一垂直横断面上，各个单元的 V_{x_i} 相同（平断面假设）。

(2) 在厚度方向上，v_{y_i} 呈线性分布。

(3) 通过任一垂直横断面的金属秒体积相等。秒体积与中性面有关，为此首先利用初等方法来计算中性角 γ。其计算公式如下：

$$\gamma = \frac{\alpha}{2}\left(1 - \frac{\alpha}{2f}\right) \tag{4-71}$$

式中　α——咬入角；

f——摩擦系数。

中性角处轧件的半厚度 h_N 为：

$$h_N = R + h_1 - R\cos\gamma \tag{4-72}$$

由于中性点处轧件速度 v_{N_x} 与轧辊速度 v_{R_x} 相等，则：

$$v_{N_x} = v_{R_x} = v_R\cos\gamma \tag{4-73}$$

式中 v_R——轧辊线速度。

中性面处的秒体积为：

$$V_N = (h_N^2 - h_N'^2)\pi v_R\cos\gamma$$
$$= v_R\pi[(R + h_1 - R\cos\gamma)^2 - h_N'^2]\cos\gamma$$

因为 h_N' 与 h_1' 相差较小，这里用 h_1' 代替 h_N'，即

$$V_N = v_R\pi\{[h_1 + R(1 - \cos\gamma)]^2 - h_1'^2\}\cos\gamma \tag{4-74}$$

利用秒体积相等条件导出 i 处的 v_{x_i}，即：

$$\pi(h_i^2 - h_1'^2)v_{x_i} = (h_N^2 - h_1'^2)\pi v_R\cos\gamma$$

$$v_{x_i} = \frac{h_N^2 - h_1'^2}{h_i^2 - h_1'^2}v_R\cos\gamma \tag{4-75}$$

且
$$v_{x_j} = v_{x_k} = v_{x_i}$$

由速度边界条件，定出 v_{y_i} 为：

$$v_{y_i} = v_{x_i}(-\tan\phi) \tag{4-76}$$

在厚度方向上，v_{y_j} 呈线性分布，定出内节点 j 处的 v_{y_j} 为：

$$v_{y_j} = v_{y_i}\frac{y_j}{h_i} \tag{4-77}$$

显然，按照式(6-75)~式(6-77)设定的初速度场满足秒体积相等条件，从理论上说，解析的秒体积相等条件与不可压缩条件应是一致的。

4.2.7 轧制力计算

4.2.7.1 咬入角的确定

在分析轧辊和轧件（被轧制的金属）的相互作用之前，首先应考虑轧辊和轧件发生作用的区域的几何特点。

简单地讲，纵轧过程就是金属在两个旋转方向相反的轧辊之间通过，并在其间产生塑性变形的过程。轧制后，轧件的横断面积减小，而长度增大。轧件中处于变形阶段的区域称为变形区，变形区域也被称为几何变形区。但实际上，在几何变形区前后的不大的区域内，多少亦有塑性变形产生，这两个区域称为非接触变形区。

轧制时，几何变形区的形状如图 4-7 所示，可由如下的参数表示：咬入角 α，变形区长 L，轧件在出入口断面上的高度（h_1和 h_0）。

现在来确定咬入角 α，由图 4-7 可求得：

$$BC = BO - OC$$
$$= R - R\cos\alpha = R(1 - \cos\alpha)$$

由于
$$BC = \frac{1}{2}(h_0 - h_1) = \frac{1}{2}\Delta h$$

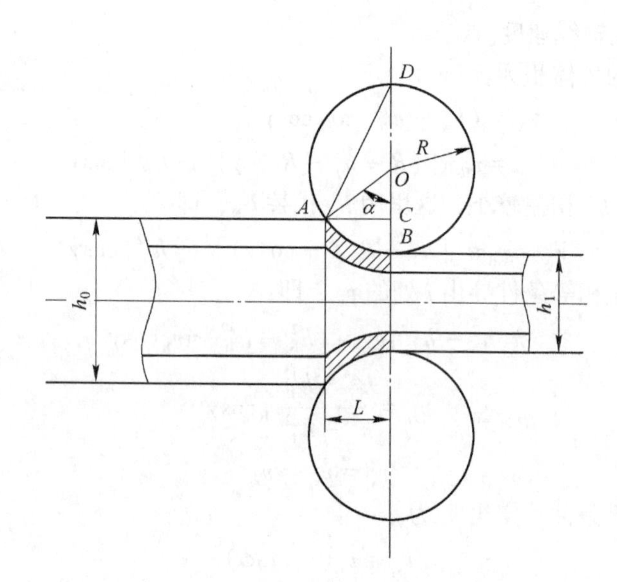

图 4-7　咬入角的确定

故有

$$\cos\alpha = 1 - \frac{\Delta h}{2R} \tag{4-78}$$

在咬入角比较小的情况下，由于

$$1 - \cos\alpha = 2\sin^2\frac{\alpha}{2} \approx \frac{\alpha^2}{2}$$

式(4-78)可简化成下列的形式：

$$\alpha = \sqrt{\frac{\Delta h}{R}} \tag{4-79}$$

式中　R——轧辊的半径。

由式(4-78)和式(4-79)可以看出，在轧辊直径一定的情况下，绝对压下量 Δh 越大，则咬入角 α 越大，在绝对压下量 Δh 一定的情况下，轧辊直径 $D = 2R$ 越大，咬入角 α 越小。

4.2.7.2　接触弧长度 L_i 和接触面积 F_i 的计算

钢管在张减轧辊之间通过，并在其间产生塑性变形，钢管中处于变形阶段的这一区域称为变形区。变形区是由轧辊和轧件的接触弧及出入口断面所限定的区域组成的，计算变形区的接触弧长，是计算张减过程轧制力的基础。

A　接触弧长的计算

在管子的变形区内，在与金属出口平面距离为 L 处，可以找到一个跟轧制线

垂直的平面 CE，这就是金属的入口平面，如图 4-8 所示。此平面跟孔型表面和尚未与孔型接触的管子表面共同组成一条封闭的曲线，此曲线的长度，就等于管子入口断面的周长，从这一断面起，发生的是因管子横断面积减小所造成的变形，即减径过程本身。

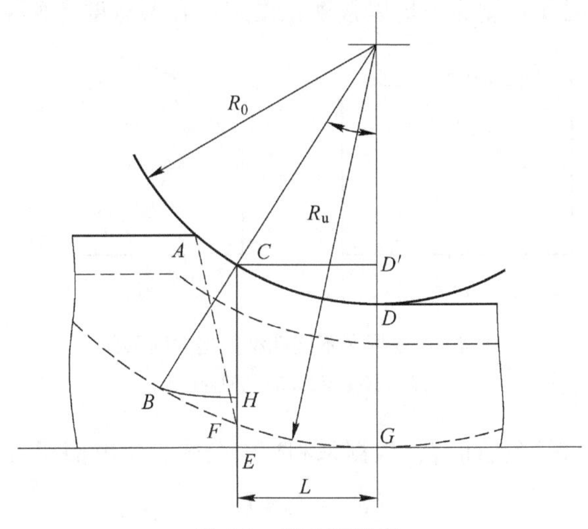

图 4-8 咬入弧长度

因此，可以把整个变形区分为初始压扁域和减径域两个区域。

初始压扁域是从管子表面与孔型表面在 A 点开始接触起，到平面 CE 为止。这时，管子的变形是在不减小横断面积，而只改变形状的情况下发生的。

减径域是从平面 CE 起，到管子出口平面止。这时，管子的变形是在横断面面积减小的情况下发生的。

一般认为 CE 平面内的孔型外形是一个圆周，并且这一圆周的直径与入口管子的平均直径相等，即：

$$\begin{cases}\Pi_{i-1} = \pi d_{i-1} \\ \Pi_{CE} = 2\pi(h_i + \Delta h_i)\end{cases} \tag{4-80}$$

式中 Π_{i-1}——管子入口断面的周边；

Π_{CE}——CE 平面的管子周边；

d_{i-1}——入口管子的平均直径；

h_i——从轧制线到孔型顶的距离（孔型高）；

Δh_i——管子在减径域的减径量。

根据式(4-80)确定 Δh_i后，得出了确定咬入弧长的计算公式，即：

$$L_i = \sqrt{\frac{R_0(d_{i-1} - 2h_i)}{2}} \tag{4-81}$$

式中　R_0——轧辊半径。

B　接触面积 F_i 的计算

荒管在张力减径过程中，变形区的接触面积对于圆孔型和椭圆孔型是不相同的（见图 4-9），因此不能简单地以接触长度乘以孔型宽度计算。

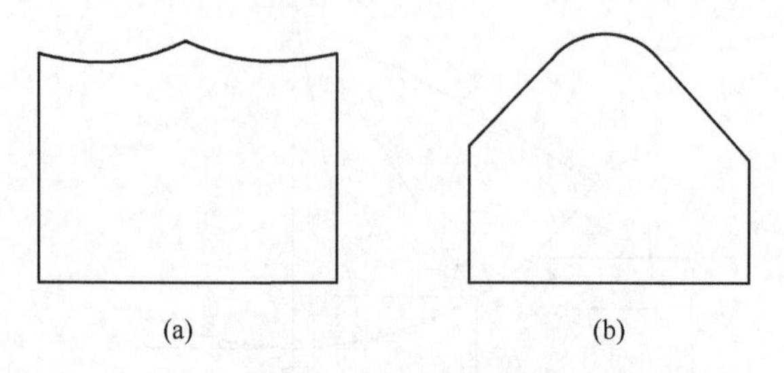

图 4-9　变形区不同孔型的接触面形状
（a）圆孔型；（b）椭圆孔型

对于三辊张力减径机而言，根据采利柯夫公式，接触面积为：

$$F_i = \sqrt{3}\,a_i L_i \tag{4-82}$$

式中　a_i——第 i 架的长半轴。

根据各机架轧辊孔型的长半轴 a_i 和接触弧长 L_i，利用式(4-82)可计算出各机架的接触面积 F_i。

4.2.7.3　平均单位压力 $\bar{p}$ 及轧制力 P 的计算

平均单位压力 $\bar{p}$ 和轧制力 P 的计算公式如下：

$$\bar{p} = n_f n_1 n_q \frac{2\delta_{i-1}}{D_{i-1}} K \tag{4-83}$$

$$P = \bar{p} F_i \tag{4-84}$$

式中　K——金属的变形抗力，kg/mm^2，$K = 1.15\sigma_s$；

σ_s——金属的屈服极限，MPa；

δ_{i-1}——第 i 机架减径前钢管壁厚，mm；

D_{i-1}——第 i 机架减径前钢管直径，mm；

n_f——外摩擦对平均单位压力影响系数（见图 4-10）；

n_1——外区单位压力影响系数，$n_1 = 1 + 0.9\dfrac{\sqrt{D_{i-1}\delta_{i-1}}}{L_i}$；

n_q——张力对平均单位压力影响系数，$n_q = 1 - \left(\dfrac{2}{3}Z_i + Z_{i-1}\right)$；

Z_{i+1} , Z_i ——第 i 机架的前张力系数及后张力系数。

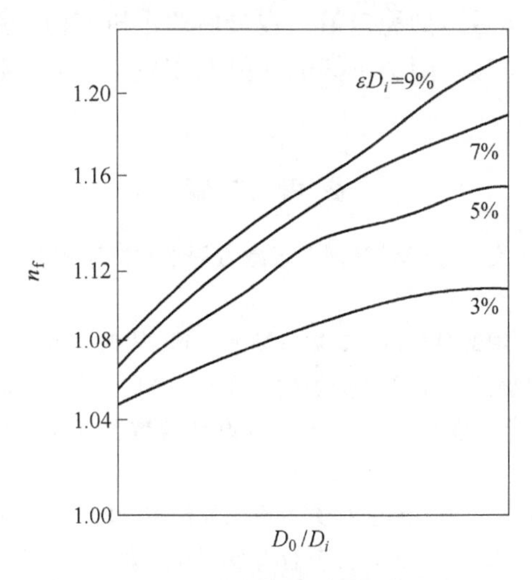

图 4-10　确定外摩擦系数的曲线图

金属塑性变形抗力的大小，取决于金属的化学成分、金属的组织、加工温度、变形速度、变形程度（如加工硬化、再结晶、动态回复、静态回复等），这些因素通过金属的内部影响变形抗力的大小。在不同变形温度、变形速度及变形程度下金属的屈服极限 σ_s 为：

$$\sigma_s = \sigma_0 K_T K_\varepsilon K_\mu \tag{4-85}$$

系数 K_T、K_ε、K_μ 的表达式分别为：

$$K_T = A_1 e^{-m_1 T} \tag{4-86}$$

$$K_\varepsilon = A_2 \varepsilon^{m_2} \tag{4-87}$$

$$K_\mu = A_3 \mu^{m_3} \tag{4-88}$$

式中　σ_0——基准屈服极限，对于 20 钢，σ_0 = 83MPa；

K_T，K_ε，K_μ——考虑温度 T 、变形程度 ε 和变形速度 μ 的热力学系数。

式(4-86)～式(4-88)中，A_1、A_2、A_3、m_1、m_2、m_3 的值取决于钢管材料。

根据式(4-83)～式(4-85)和 $K = 1.15\sigma_s$ ，可以计算出各机架平均单位压力 $\bar{p}$ 和轧制力 P 。

钢管进入减径机孔型与轧辊接触时，张力减径机开始减径。减径过程中，无论在孔型内塑性变形，还是在从上一机架到下一机架的传输过程中，都存在着与周围介质的热交换，钢管的温度降低。钢管温度越低，变形抗力越大；变形速度越大，金属变形抗力越大。前几个机架中由于温度和变形抗力的共同作用，变形抗力随着轧制道次的增加而增加。在最后几个机架中，变形程度是影响变形抗力的最大因素，由于变形程度较小，所以变形抗力减小。三辊式张力减径机的轧制力在中间机架轧制力变化不大，比较稳定。平均单位压力由咬入时的最大值逐渐下降，经过前两个机架后达到稳定值，在最后两个机架由于张力的原因平均单位压力又有增加。但由于最后两个机架的接触面积较小，所以钢管通过最后两个机架时的轧制力较小。

参考文献

[1] 刘山，吴铁军，刘玉文，等．无缝钢管张减过程平均壁厚控制迭代自学习方法［J］．钢铁，2002，4：28-34.

[2] 王勇．钢管头尾增厚端壁厚分析及其数学模型［J］．轧钢，2011，5：17-20.

[3] 周研．钢管微张力减径工艺参数研究及软件开发［D］．太原：太原科技大学，2008.

[4] 周伟鹏．无缝钢管张力减径过程工艺参数设计及数值模拟［D］．武汉：武汉科技大学，2015.

[5] 袁泉．钢管定减径过程的理论计算研究及有限元模拟分析［D］．重庆：重庆大学，2003.

[6] 刘鹏．钢管张力减径工艺研究及应用软件开发［D］．太原：太原科技大学，2011.

[7] 刘超，双远华，周研，等．钢管三辊减径过程孔型设计方法研究［J］．热加工工艺，2014，(23)：135-138.

[8] 李国祯．现代钢管轧制工具设计原理［M］．北京：冶金工业出版社，2006.

[9] 赵志业．金属塑性变形与轧制理论［M］．北京：冶金工业出版社，1980.

[10] 龚尧，周国盈．连轧钢管［M］．北京：冶金工业出版社，1989.

[11] 吴青正．无缝钢管张力减径工艺参数研究［D］．秦皇岛：燕山大学，2019.

[12] 申陵帆，张芳萍，王琦，等．钢管张力减径过程中直径与壁厚的确定［J］．机械工程与自动化，2017 (1)：17-19.

[13] 郭海明，李琳琳，秦桂伟，等．微张力定（减）径机厚径机厚壁孔型优化［J］．钢管，2020，49 (5)：46-51.

5 张力减径机轧辊孔型设计

5.1 孔型系列的划分

张力减径机是无缝钢管生产的最关键的机组之一。除了部分大规格工具接头坯料，其余所有钢管的热轧生产均由张力减径机完成，而要在张力减径机上实现多规格、多品种钢管的生产，就必须按产品大纲的要求事先制订出一份科学的、合理的张力减径机孔型系列表，全面确定每一个规格的最佳生产方案，从而才有可能组织张减生产。

为了缓和机架数的矛盾，在生产小直径钢管时，要采用大的减径率进行生产。但是单机架减径率过大，钢管在减径过程中变形比较剧烈，钢管壁厚不均将增大，还会影响钢管咬入及稳定轧制，在轧制中出现大耳子，造成轧卡，或者出现内折，造成废品，从而影响轧制过程的继续。在生产大口径钢管时，因机架数不成问题，均采用较小的减径率进行生产，使钢管的变形较缓和，壁厚不均大大改善，从而提高产品质量。由此可知，在对机架减径率进行分配前，必须按产品大纲的要求把所有产品分成几个系列。

根据长期对孔型系列划分的经验，将无缝钢管产品根据不同的减径率划分为两个系列：

（1）A 系列。该系列生产小口径钢管，为大减径量系列，其最大相对减径量为 $\gamma_{max}=5.00\%$。

（2）B 系列。该系列生产大口径钢管，为小减径量系列，其最大相对减径量为 $\gamma_{max}=3.50\%$。

5.2 减径量的分配

各机架减径率的分配是有一定规则的，其分配的适当与否对钢管质量有很大影响。单机架减径量取得过大，将影响到管子轧制时的稳定性（振动、扭曲），孔型的充满性（过充满或欠充满），同时也容易产生内多边形；而单机架减径率过小，则所需机架数增多，合适的减径量既可保证成品管的种类与质量，又可保证孔型的利用率与轧机的效率。

在某一孔型系列中，从第 1 架开始到最终第 n 架成品机架为止，各架的单机架减径率 ρ_i 并不是相等的，通常采取的做法是将整个机架划分为三个区来分配各架的减径率。张力减径曲线如图 5-1 所示。

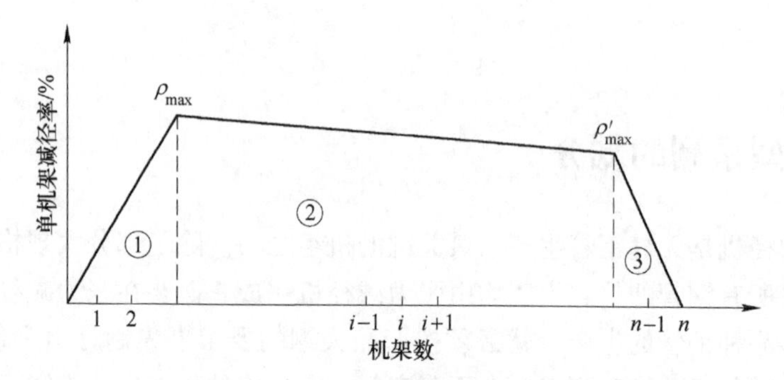

图 5-1　张力减径时减径率分配曲线

图 5-1 中：①为咬入区或张力形成区。该区所含的机架数根据 ρ_{max} 值的大小而定，一般为 3~5 架，各架的减径率从第 1 架起逐渐增大到最大减径率 ρ_{max}，目的是使荒管易于咬入并逐步建立起张力，同时也有利于减少钢管端增厚及钢管的横向壁厚不均。

②为中间区或张力轧制区。该区所含的机架数比较多，随着轧制温度的降低及轧制速度的提高，为保证轧制功率平衡，各架的减径率逐步缓慢减少，钢管在该区中得到强化轧制，钢管的减径变形绝大部分在该区完成。

③为成品区或定径形成区。该区所含的机架数同样视 ρ_{max} 值的大小而为 3~5 架，该区各架的减径率逐步由 ρ'_{max} 减小到 0，目的是对钢管逐步定径，以保证成品钢管的尺寸公差及表面质量。

由此可知，张力减径机的总对数减径量由三部分组成，即：

$$\gamma_{\sum} = \gamma_z + \gamma_a + \gamma_f \tag{5-1}$$

式中　γ_z——张力升起机架总对数减径率，%；

γ_a——工作机架总对数减径率，%；

γ_f——张力降落机架总对数减径率，%。

减径量的分配主要考虑管子在孔型中的稳定性、充满性、不产生内多边形等因素，并根据积累的经验按表 5-1 选取。

工作机架的减径率分配应先选定工作机架平均减径率 γ_{A_m}，再通过假想平均直径 d_m 计算。

γ_{A_m} 的选择范围根据壁厚系数见表 5-2。

表 5-1　张力升起与张力降落机架减径率的分配

系列	张力升起机架			张力降落机架		
	机架号	机架数	减径率	机架号	机架数	减径率
A	1	5	$0.2R_m$	$n-4$	5	$0.45R_f$
A	2	5	$0.3R_m$	$n-3$	5	$0.30R_f$
A	3	5	$0.4R_m$	$n-2$	5	$0.20R_f$
A	4	5	$0.5R_m$	$n-1$	5	$0.05R_f$
A	5	5	$0.6R_m$	n	5	$0.00R_f$
B	1	3	$0.2R_m$	$n-3$	4	$0.60R_f$
B	2	3	$0.3R_m$	$n-2$	4	$0.30R_f$
B	3	3	$0.4R_m$	$n-1$	4	$0.10R_f$
B	—	—	—	n	4	$0.00R_f$

注：1. R_f 表示成品机架的总对数减径率；

2. R_m 表示平均减径率。

表 5-2　壁厚系数与工作机架平均减径率的关系

壁厚系数 D/S	γ_{A_m}
<8	0.03～0.06
>8	0.05～0.08

假想平均直径为：

$$d_m = \sqrt{d_{A_o} \times d_{A_1}}$$

各工作机架的减径率按下式计算：

当 $d_{io} > d_m$ 时，

$$\gamma_i = \gamma_{A_m} + K\frac{d_{io} - d_m}{d_{A_o} - d_m} \tag{5-2}$$

当 $d_{io} < d_m$ 时，

$$\gamma_i = \gamma_{A_m} - K\frac{d_m - d_{io}}{d_m - d_{A_1}} \tag{5-3}$$

式中　d_{A_o}——第一个工作机架钢管入口直径；

d_{A_1}——最后一个工作机架钢管出口直径；

K——系数，$K = 0.007$。

5.3 机架数的确定

5.3.1 机架数

5.3.1.1 张力升起机架数

张力升起机架数根据ρ_{max}的大小而定，一般为3~5架，ρ_{max}值大，则机架数就多，根据钢厂经验，对A系列选5架，对B系列选3架。

5.3.1.2 成品机架数

成品机架数根据进入第一个成品机架前的钢管直径d_{iA}和末架成品机架的热光管外径d_{aw}之比值（d_{iA}/d_{aw}）的大小不同而确定（见表5-3）。

表5-3 成品机架数的选取

d_{iA}/d_{aw}	<1.03	1.035~1.06	1.06~1.10
成品机架架数	2~3	4	5

5.3.1.3 工作机架数

为了保证轧制功率的平衡，提高管子外表面的质量，以及改善管子横向壁厚不均，工作机架上各架的减径率应逐步缓慢减少，并根据选定的平均减径率γ_{A_m}（一般$\gamma_{A_m} \leqslant \gamma_{max}$），可求得工作机架数为：

$$n_A = \frac{\gamma_{\sum} - \gamma_z - \gamma_f}{\gamma_{A_m}} \tag{5-4}$$

5.3.2 各机架出口钢管的直径和相对减径率

根据张力升起和张力降落机架的对数减径量，可以求出张力升起和张力降落各机架出口处钢管的直径。

张力升起各机架出口处钢管直径为：

$$d_i = \frac{d_{i-1}}{e^{\gamma_i}} \tag{5-5}$$

张力降落各机架入口处钢管直径为：

$$d_{i-1} = \frac{d_i}{e^{\gamma_i}} \tag{5-6}$$

当求最后一个机架的入口钢管直径时，

$$d_i = d_{aRw}$$

式中，d_{aRw} 表示成品热光管直径，$d_{aRw} = 1.01 \times d_r$； 其中，$d_r$ 表示冷成品直径；1.01 为收缩系数。

由工作机架的减径率，可求得各工作机架的出口钢管直径，即：

$$d_i = \frac{d_{i-1}}{e^{\gamma_i}} \tag{5-7}$$

5.4 轧辊孔型设计

5.4.1 孔型的选用原则

对于厚壁钢管，因为壁厚，故产生“内六方”的倾向较大，但不易形成耳子，所以应采用圆孔型系生产以减轻“内六方”的程度；对于薄壁钢管，因为壁薄，所以“内六方”倾向较小，但内表面易产生耳子或压折，所以应采用椭圆孔型系生产，以提高孔型的使用寿命。

一般情况下，当 $S/D \geqslant 0.125$（厚壁管），总减径率小于55%时，应采用圆孔型系；当 $S/D \leqslant 0.125$（薄壁管），总减径率大于55%时，应采用椭圆孔型系。

根据钢厂的经验得知，当 $S/D = 0.085 \sim 0.12$ 时，采用圆孔型系与椭圆孔型系相互代用的方法，可以减少备用机架数和孔型加工量。代用的原则是：当总减径率小于55%时，可用圆孔型系代替椭圆孔型系；当总减径率大于55%时，则用椭圆孔型系代替圆孔型系。

由于圆孔型系孔型寿命短，对某套机组来说是否需要采用圆孔型，应由其产品大纲来定。当 $S/D \leqslant 0.125$，总减径率不大于60%时，可不采用圆孔型；当 $S/D = 0.055 \sim 0.13$，总减径率为40%～50%时，可采用介于椭圆孔型与圆孔型之间的中间孔型。

5.4.2 张力减径机孔型的基本参数

三辊式张力减径机的基本形状如图5-2所示。每只轧辊的工作表面是一条半径为 R_i 的圆弧曲线，三个轧辊的工作表面由于圆心的偏移而组成了三弧椭圆孔型。

图5-2中，D_g 表示轧辊理想直径；a_i 表示孔型的长半轴；b_i 表示孔型的短半轴；d_i 表示孔型的平均直径（即该机架轧后钢管的平均直径），且 $d_i = a_i + b_i$；R_i 表示孔型的圆弧半径；e_i 表示孔型圆弧的圆心与孔型中心的偏心距；r_i 表示轧辊圆角半径；t_i 表示轧辊辊缝。

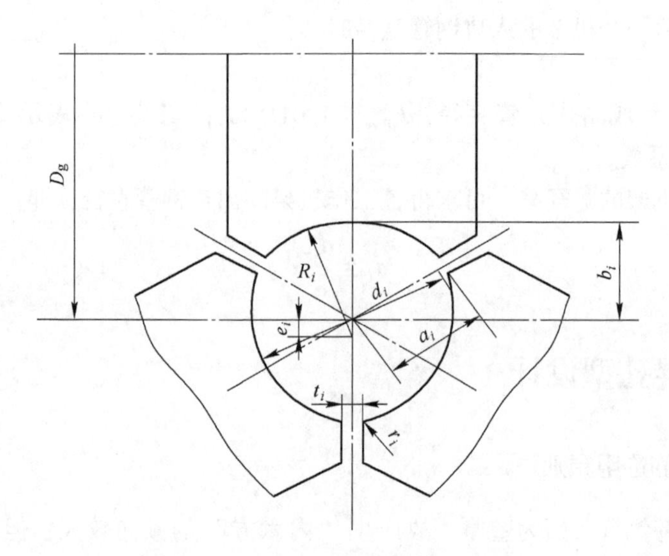

图 5-2　张力减径机孔型的基本形状

5.4.3　孔型设计的基本公式

各架的孔型直径可由式（5-8）计算：

$$d_i = a_i + b_i \tag{5-8}$$

总相对减径率的计算公式为：

$$\rho_{\Sigma} = \frac{d_k - d_R}{d_k} \times 100\% \tag{5-9}$$

总对数减径率的计算公式为：

$$\gamma_{\Sigma} = \ln \frac{d_k}{d_R} \tag{5-10}$$

各机架相对减径率可由式（5-11）计算：

$$\rho_i = \frac{d_{i-1} - d_i}{d_{i-1}} \times 100\% \tag{5-11}$$

各机架对数减径率可由式（5-12）计算：

$$\gamma_i = \ln \frac{d_i}{d_{i+1}} \tag{5-12}$$

孔型椭圆度的计算公式为：

$$\alpha_i = \frac{a_i}{b_i} \tag{5-13}$$

覆盖系数的计算公式为：

$$\xi_i = \frac{b_{i-1}}{a_i} \tag{5-14}$$

$\alpha - \xi - \rho$ 之间关系式为：

$$\alpha_i = \frac{1}{\xi_i(1 - \rho_i)} \tag{5-15}$$

孔型长半轴的计算公式为：

$$a_i = \frac{d_i}{1 + \frac{1}{\alpha_i}} \tag{5-16}$$

孔型短半轴的计算公式为：

$$b_i = \frac{d_i}{1 + \alpha_i} \tag{5-17}$$

宽展的计算公式为：

$$c_i = a_i - b_{i-1} \tag{5-18}$$

校核系数的计算公式为：

$$\lambda_i = \frac{a_{i-1} - b_i}{a_i - b_{i-1}} \tag{5-19}$$

5.4.4 传统孔型设计方法

5.4.4.1 设计步骤

传统孔型设计方法的设计步骤为：

（1）由荒管直径 D_k、壁厚 S_k、成品管直径 D_R 和壁厚 S_R 计算总对数减径率。

（2）根据机架减径量的分配原则分配减径量 $\gamma_{\sum}$，使之满足 $\gamma_{\sum} = \gamma_{t_z} + \gamma_{t_a} + \gamma_{t_f}$，并确定机架数。

（3）由 d_k 出发，根据 $\frac{d_i}{d_{i+1}} = e^{r_i}$ 算出各机架的孔型直径 d_i。

（4）根据各架的 ρ_i，由 $\xi = f(\rho)$ 曲线求出覆盖系数 ξ_i（见图 5-3）。

（5）在 ξ_i、ρ_i 已知条件下，求出椭圆度系数 $\alpha_i = \frac{1}{\xi_i(1 + \rho_i)}$。

（6）由式（5-16）和式（5-17）求出孔型长半轴 a_i 和短半轴 b_i。

（7）算出较核系数 λ_i，核对是否满足关系 $\rho = f(\lambda)$（见表 5-4）。若不符合，则需要重新设计，直到满足为止。

5.4.4.2 存在问题

传统孔型设计方法存在的问题主要包括：

(1) 由于 $\xi_i = f(\rho_i)$ 与 $\lambda_i = f(\rho_i)$ 不是由同一公式导出，所以由 $\xi_i = f(\rho_i)$ 关系式设计出来的孔型的 λ_i 值与表 5-4 中数据有时相差较大。因此需要重新设计，直至基本符合为止。

(2) 没有考虑到：在轧制 S/D 较大的厚壁管时，易出现“内六方”现象，应采用圆孔型系生产以减轻“内六方”程度；在轧制 S/D 较小的薄壁管时，易出现过充满等现象，应采用椭圆孔型系生产以防止过充满，提高产品质量及孔型的使用寿命。

为了避免以上两个问题，下面将介绍椭圆孔型设计方法和圆孔型设计方法。在设计过程中，由于椭圆度曲线呈锯齿形分布，不能满足工艺要求。因此，必须对椭圆度曲线进行调整，从而设计出更合理的张力减径轧辊孔型。

表 5-4　λ_i-ρ_i 关系

ρ/%	λ/%
9	11~12
6	10~11
4	8~9

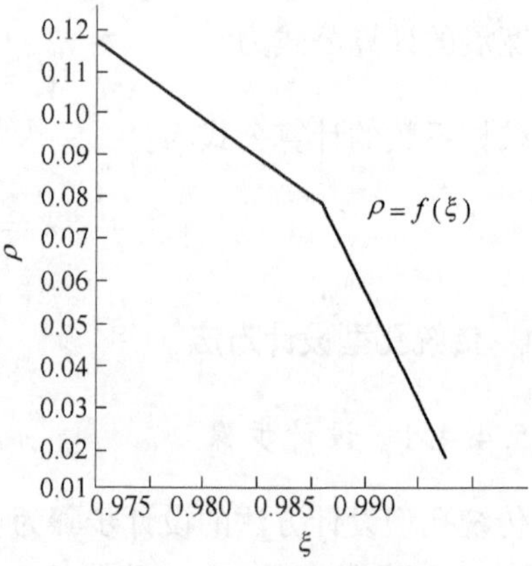

图 5-3　ξ 和 ρ 的关系

5.4.5　椭圆孔型设计方法

5.4.5.1　基本原则

椭圆孔型设计的基本原则包括：

(1) 所有孔型的覆盖系数与减径率应符合标准的 $\xi_i - \rho_i$ 关系曲线。

(2) 所有设计的各机架孔型的宽展值 c_i 应符合 $c_i = K_1 + K_2\rho_i d_i$ 关系式。对于不同的 K_1、K_2 值，可求得对应的长半轴 a_i、短半轴 b_i 及相应的 ξ_i 值，将各孔型的 $\xi_i - \rho_i$ 关系绘成曲线，可得到不同的 $\xi_i - \rho_i$ 关系曲线，根据

$$Q = \sum_{i=1}^{n} (\xi_{实} - \xi_{标})^2 \tag{5-20}$$

可求出不同的 ξ_i-ρ_i 关系曲线与标准 ξ_i-ρ_i 关系曲线的差值。其中最小 Q 值的那根曲线所对应的 K_1、K_2 值即为最优化值，也就是所要求的宽展系数。

(3) 调整椭圆度曲线。为使工作机架的椭圆度曲线呈均匀下降分布，并使

波动幅度尽可能小，应根据式(5-21)计算出孔型椭圆度曲线的总长度：

$$R = \sum_{i=4}^{N} \sqrt{1 + (a_{i-1} - a_i)^2} \tag{5-21}$$

并从中找出 R 值最小的那根曲线，也就可以得到椭圆度分布最佳的设计方案。

5.4.5.2 设计步骤

椭圆孔型的设计步骤为：

(1) 分配减径率 ρ_i，计算各机架孔型直径 d_i。

(2) 设定 $K_1 = 0.01$、$K_2 = 0.01$ 为初始值。

(3) 用宽展公式 $c_i = K_1 + K_2\rho_i d_i$ 算出各机架孔型的宽展值 c_i。

(4) 确定第3机架孔型长半轴 a_3 在 $b_2 + (0.01 \sim 0.6)d_3$ 范围内变化，计算出各机架的长半轴 a_i、短半轴 b_i 和椭圆度 α_i，并根据式(5-21)求出椭圆度曲线长度值中最小值 R。

(5) 计算椭圆度曲线长度最小值所对应的各机架覆盖系数，用式(3-22)求出 Q 值。

(6) 使 K_1、K_2 值在一定范围内变化，重复上面的步骤（3）～（5）。

(7) 在一组 Q 值中，求出 Q_{min} 值，则与 Q_{min} 和 R_{min} 对应的那组设计方案就是最佳设计方案。

(8) 计算孔型的其他参数及孔型加工刀具参数。

5.4.6 圆孔型设计方法

5.4.6.1 设计思想

圆孔型的设计思想包括：

(1) 在减径量一定的条件下，所设计的孔型必须使得变形区压缩面积最接近矩形。

(2) 工作机架各架孔型的椭圆度值随着减径率的减小而逐渐减小，并使相邻机架椭圆度值的波动幅度尽可能小。

5.4.6.2 设计原则

圆孔型的设计原则包括：

(1) 沿孔型宽度方向钢管与轧辊接触弧长度差值 $\Delta L = L_{max} - L_{min}$ 为最小。

(2) 使工作机架椭圆度值交替变化，波动的幅度尽可能小，并随着减径率的减小，呈下降分布态势，根据式(5-21)计算椭圆度曲线的总长度，并从中找出 R 值最小的那根曲线，则 R_{min} 所对应的孔型参数即为最佳参数。

5.4.6.3　设计步骤

圆孔型的设计步骤为：

（1）分配减径率，计算各架孔型直径。

（2）设 $b_i = 0.5d_{i-1}$，Z_{i-1} 在一定范围内变化 j 次，求出接触弧长度最大差值 ΔL_{max}。

（3）b_i 在一定范围内变化 k 次，计算出 k 个 ΔL_{max} 值，从中找出最小值 $(\Delta L_{max})_{min}$。

（4）各架孔型按步骤（2）和步骤（3）进行设计，并算出椭圆度值 α_i。

（5）用式(5-21)计算椭圆度值分布曲线长度 R。

（6）当 d_3 在一定范围内变化时，调整椭圆度曲线，找出最小值 R_{min}。

（7）用 R_{min} 所对应的各机架长半轴 a_i、短半轴 b_i 及其他孔型参数设计孔型。

参 考 文 献

[1] 王宁．张减机椭圆孔型设计［J］. 宝钢技术，1990（3）：45-51.

[2] 孙斌煜，张芳萍．张力减径技术［M］. 北京：国防工业出版社，2012.

[3] 孙斌煜，张芳萍，薛忠明．张力减径机孔型设计系统［J］. 太原重型机械学院学报，2002，23（3）：245-250.

[4] 王宁．张力减径机圆孔型设计及其应用［J］. 钢铁，1994（4）：24-28.

[5] 李连诗．钢管塑性变形原理［M］. 北京：冶金工业出版社，1985.

[6] 李涛，汪超，马俊强，等．张力减径机组孔型设计简介［J］. 冶金设备，2019（5）：13-16.

[7] 吴青正．无缝钢管张力减径工艺参数研究［D］. 秦皇岛：燕山大学，2019.

[8] 郭海明，李琳琳，秦桂伟，等．微张力定（减）径机厚壁孔型优化［J］. 钢管，2020，49（5）：46-51.

6 张力减径仿真实例

随着计算机技术的发展，连轧过程速度控制技术和张力控制技术已经较为成熟，为张力减径这一生产方式提供了技术保障。相比之下，如何确定合理的轧制工艺参数显得尤为重要，特别是新产品开发过程中利用计算机仿真技术快速设计孔型，计算相关力能参数等。本章以某钢厂 ϕ180 张力减径机组为原型，应用上限元法对张减过程力能参数进行仿真计算，并对该机组进行了传统孔型、椭圆孔型、圆孔型三种孔型的设计。

6.1 金属塑性变形抗力数学模型

6.1.1 变形抗力的概念

变形抗力是指材料在一定温度、速度和变形程度条件下，保持原有状态而抵抗塑性变形的能力。

金属是由原子组成的质点系统。在原子间除有引力外，还有斥力存在。当原子间的距离较大时，原子间的相互作用表现为引力；随着距离的减小，斥力比引力增大的快，因此在距离较小时斥力将超过引力，原子间的作用将表现为斥力。当原子间的引力和斥力相互平衡时，原子的势能最低，原子所处的位置将是稳定平衡位置，因此我们称物体处于自由状态。

当有外力作用于物体上时，原子将离开其稳定平衡位置而被激发。结果物体的势能增高，并且产生尺寸和形状的弹性改变。被激发的原子力图回到其平衡位置上去，原子偏离稳定平衡位置越严重，力图回到稳定平衡位置的趋势就越大。

随着外力的增大，原子相对其本身稳定平衡位置的偏离将增大。当超过一定数值时，原子即转向新的稳定平衡位置，结果物体开始产生塑性变形，可见塑性变形的单元过程乃是大量原子定向地由一些稳定平衡位置向另一些稳定平衡位置的非同步移动。这种过程的多次重演，将使物体的尺寸和形状产生可觉察的塑性改变。

在原子离开原来的稳定平衡位置之前，必须首先相对稳定平衡位置产生偏离，故塑性变形只能产生在呈现弹性变形的介质中。

欲使大量的原子定向地由原来的稳定平衡位置移向新的稳定平衡位置，必须在物体内建立起一定的应力场，以克服力图使原子回到原来平衡位置上去的弹性力。由此可见，物体有保持其原有形状而抵抗变形的能力。度量物体这种抵抗变形能力的力学指标，定义为塑性变形抗力（或简称变形抗力）。

根据塑性状态理论，可用单位弹性形状改变势能的极限数值的平方根作为变形抗力指标，或用与其只相差一个常数因子的极限应力强度或极限剪应力强度作为变形抗力指标。由于极限应力强度值仅与材料的性质及变形的温度、速度条件和变形程度的大小有关，与应力状态的种类无关，在数值上等于线性拉伸（或压缩）的屈服极限 σ_s；所以可用相应一定温度、速度和变形程度的线性拉伸（或压缩）的屈服极限 σ_s 作为变形抗力指标。相应一定的变形温度、变形速度及变形程度的屈服极限又称为真实应力，有时直接用 σ 表示。

真实应力数值与变形温度 t、变形速度 u 和变形程度 ε 有关，可表示为：

$$\sigma_s = \sigma_s(t,\ u,\ \varepsilon) \tag{6-1}$$

6.1.2 金属塑性变形抗力数学模型

应用计算机计算金属塑性变形抗力时，考虑到程序设计时的建模特点，一般有以下两种方法可以确定金属塑性变形抗力：

（1）根据实验数据回归得到的经验公式计算。

（2）利用插值法，根据实验曲线查出各系数后按式（6-2）计算：

$$k_f = k_T k_\varepsilon k_u k_0 \tag{6-2}$$

式中 k_T——温度系数，由 T-k_T 曲线查；

k_ε——变形程度系数，由 ε-k_ε 曲线查；

k_u——变形速度系数，由 u-k_u 曲线查；

k_0——基准变形抗力。

第二种方法由于曲线是针对具体的钢种，具体的温度、变形量、变形速度查到的，所以比较精确。

为了在计算机上用第二种方法获得变形抗力，可以将实验曲线 $f(x)$ 离散成由 n 个结点联接，根据 $f(x)$ 在结点的值，将相邻结点的连线看作是一光滑而简单的函数 $P(x)$（即插值函数）。本书仿真系统中程序设计采用一维三点拉格朗日插值公式，即用抛物线插值公式计算某点处的插值函数：

$$z = \sum_{i=m}^{m+2}\left[y_i\left(\prod_{\substack{j=m \\ j\neq i}}^{m+2}\frac{t - x_j}{x_i - x_j}\right)\right] \tag{6-3}$$

式中，当 $|x_k - t| > |t - x_{k+1}|$ 时，$m=k$；当 $|x_k - t| < |t - x_{k+1}|$ 时，$m=k-1$。

6.2　张力减径上限元模型的建立

6.2.1　上限元法介绍

20 世纪 60 年代，H. Kudo 提出在解决复杂的轴对称问题时，可以将成形区划分为几个简单的动可容速度场的单元环。之后到 70 年代中期，B. P. MeDermot 与 A. N. Bramley 进一步发展了这种上限元法（即上限单元技术），英文缩写为“UBET”。他们将任何轴对称成形件概括为由十二种基本单元环组成。这十二种单元环截面形状分为四类，如图 6-1 所示。

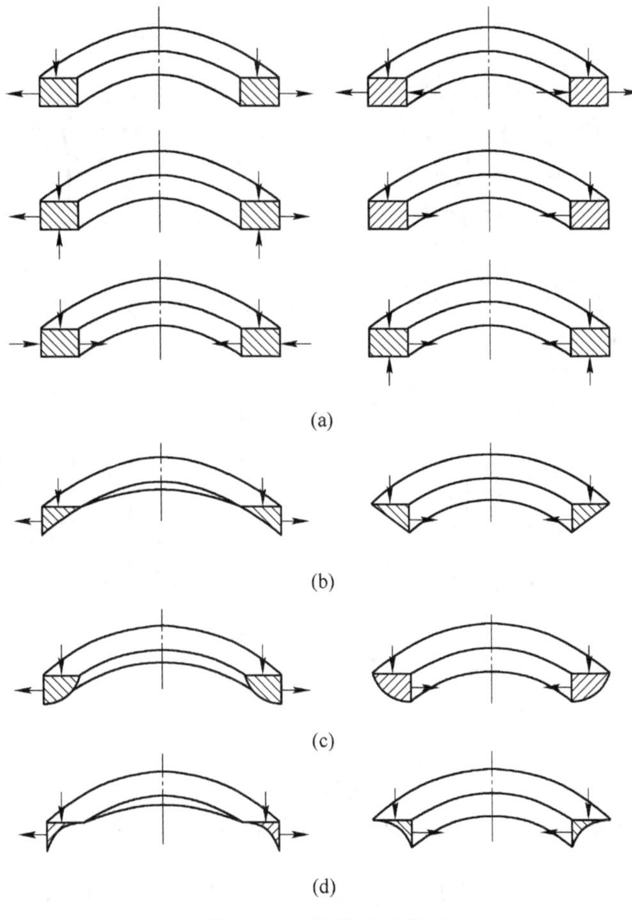

图 6-1　上限单元的类型

（a）单元环截面为矩形；（b）单元环截面为三角形；
（c）单元环截面为凸弧三角形；（d）单元环截面为凹弧三角形

1977 年，A. S. Cramphorn 与 A. N. Bramley 将上述十二种基本单元归纳为三种形状如图 6-2 所示。而对于三角形单元按照它在圆柱坐标系中的不同几何位置，可分为四种形式，如图 6-3 所示。

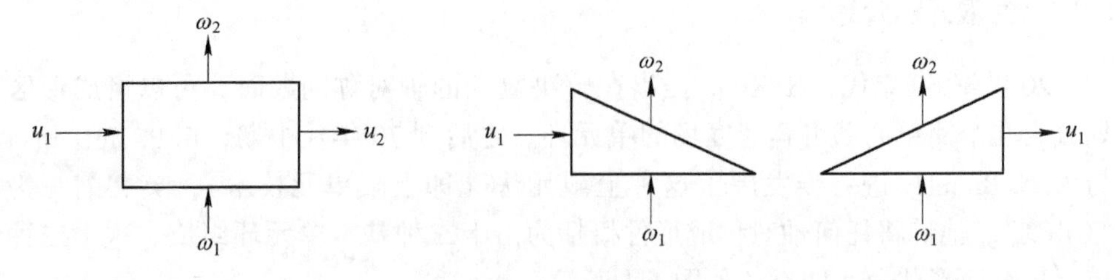

图 6-2　三种基本单元

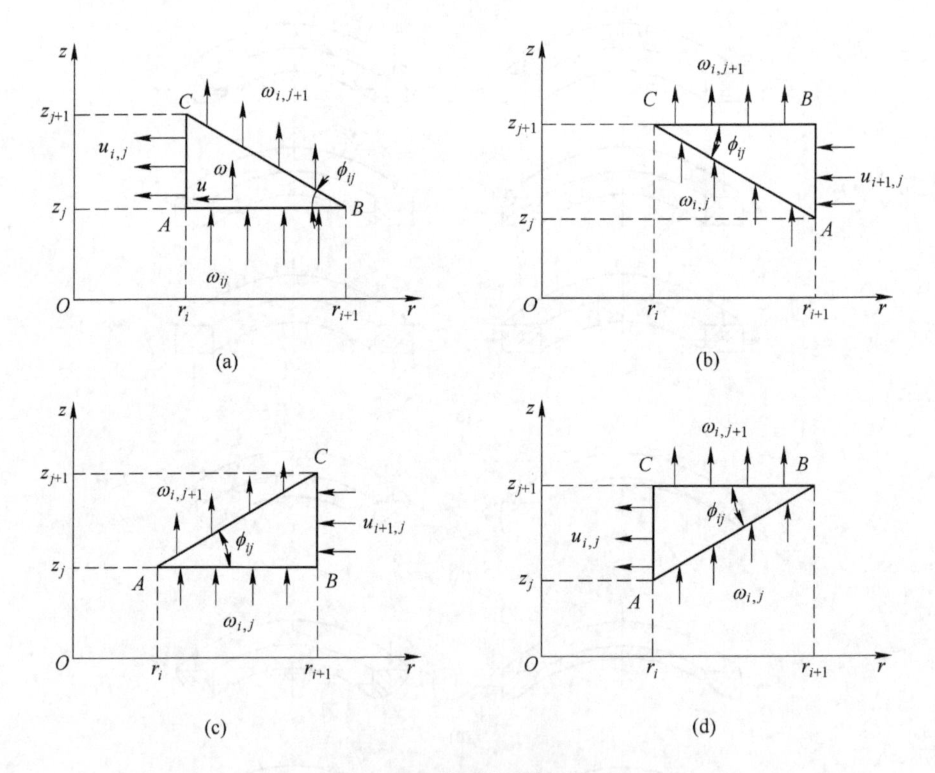

图 6-3　三角形规范单元

（a）Ⅰ型单元；（b）Ⅱ型单元；（c）Ⅲ型单元；（d）Ⅳ型单元

上限单元技术是将坯料的塑性变形区虚拟地划分为若干基本单元，这些单元仅仅是塑性变形区的大致的部位，每一基本单元的边界条件都对应一定的流动模型，然后分别计算出每个单元的变形功率。

上限元的基本做法如图 6-4 所示。当分析轴对称成形问题时，从工件轮廓边界交点或直边的某些选定点出发（曲线边界用直折线近似代替），引坐标轴的平行线（同时往两个方向引），这样变形体就被一组与坐标轴平行的互相垂直的直线分割成若干截面形状简单规范的环形单元。工件在该瞬时塑性变形中所消耗的内力功（率）由以下三部分组成：

（1）各单元的塑性变形功（率）。

（2）各单元之间因边界速度间断而产生的塑性剪切功（率）。

（3）与工具接触的单元因摩擦产生的摩擦功（率）。

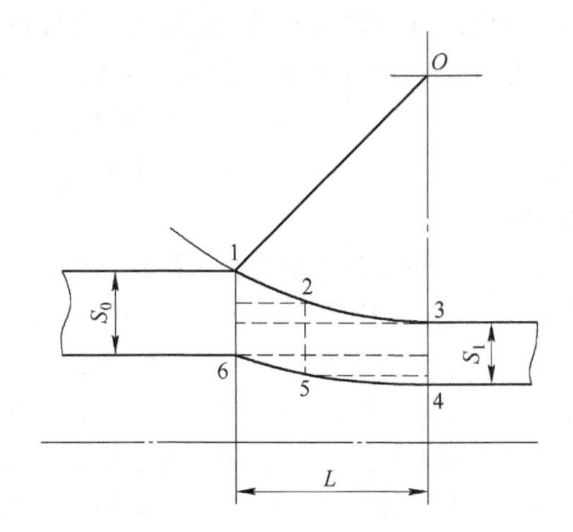

图 6-4 轧制变形区的单元划分

在变形过程中，这些被划分为基本单元的速度边界，必须满足下列条件：

（1）与凸模和模壁接触面的位移边界条件。

（2）各个单元之间边界的法向速度要连续。

（3）各单元的体积不变。

上限元法的特点概括如下：

（1）从计算的工作量，计算的时间，可以得到数据资料的种类与可靠性，处理问题的范围各个方面对几种工艺理论分析方法进行比较，上限法是介乎初等解析法，均匀变形能量法与有限元法之间的一种分析方法。

（2）上限法以虚拟的动可容速度场为根据，它要求给定的工件形状、尺寸和性质以及工具与工件接触面的速度条件，应尽可能符合于真实情况。由于计算简单，可通过直观塑性法提供速度场的参考资料，计算结果又满足工程上的安全要求，所以在指导工艺实践的应用上，容易被工程技术人员接受。

（3）上限法在实际上只适用于给定几何形状和性质的初始流动问题，所以对大变形来说，上限法的预测可靠性较差，对其他方法也是一样。因为在逐次变形过程中的逐次计算，会使较小误差成为积累误差。然而，在上限法中由于可以用实验观察的瞬时速度场代替纯理论的速度场，故可得到比较好的效果。

（4）实质上，上限法只适用于具有常量屈服极限的理想刚塑性材料的准静态变形过程。但在某些边界条件下，它还可应用于应变硬化材料、多孔性材料及各向异性材料。

（5）上限法在求得合理的动可容速度场时，不能用来解决动力学问题，或者说动载变形问题。对于缺少实用的真实应力曲线的材料和没有适当的摩擦系数情况，上限法也可以应用。

（6）上限法不像下限法、初等解析法和有限元法那样能预测应力分布，所以不能知道动可容速度场是否与静可容场相适应，只能设想一个有很低功率值的动可容场能满足静可容场要求。目前已有人提出预测工件内部应力的某些方法，但尚未证实它的普遍适应性。尽管上限法不考虑应力问题，但它能预测成形过程中塑性破坏发生的可能性。

从以上方面的简单概括，可以肯定地说，上限法尽管还有某些不足，但在解决金属塑性加工工艺问题上已成为比较实用的理论分析方法。从金属塑性成形力学理论的发展来看，在20世纪50年代与60年代分别是初等解析法与滑移线法占据主要地位，到70年代上限法得到了迅速的发展，应该着重指出初等解析法的局限性在于它只能解决金属塑性成形工艺中的变形力能计算问题。滑移线法虽然除力能计算外还可研究金属流动问题，但其实用价值如何尚难定论，而上限法已远远超过这两种方法所能解决的工艺问题的范围，它有可能成为金属塑性成形领域中进行工艺分析与工艺设计的有力工具。

根据目前国内外公开发表的百余篇有关论文资料，上限法在金属塑性加工工艺理论分析中曾应用于轧制、拉拔、切削加工、自由锻造、模锻、粉末锻造、挤压（包括正、反挤压，正反联合挤压，镦挤、静液挤压及冲击挤压）、旋压及强力旋压、冲压（包括翻边，缩口，胀形与变薄拉延）等各种工艺过程。

6.2.2　矩形单元动可容速度场的建立

构造上限元基本单元，应采用以下假设：

（1）变形材料是理想刚塑性体，各向同性，服从 Mises 屈服准则。

（2）单元内部为连续速度场。

（3）垂直单元的法向速度分量沿边界均匀分布。

（4）相邻单元在公共边界上的法向速度分量连续无间断。

下面推导矩形单元的速度场：如图 6-5 所示，r_i、r_{i+1}、z_j、z_{j+1}是矩形单元四条边界节点的几何位置坐标，根据假设，矩形单元法向速度分量沿该边界均匀分布，分别以该条边起始节点的序号定义，记作 $u_{i,j}$、$u_{i+1,j}$、$\omega_{i,j}$、$\omega_{i,j+1}$。而 r、z、u、ω 则表示单元内任意一点的几何位置坐标和速度分量。

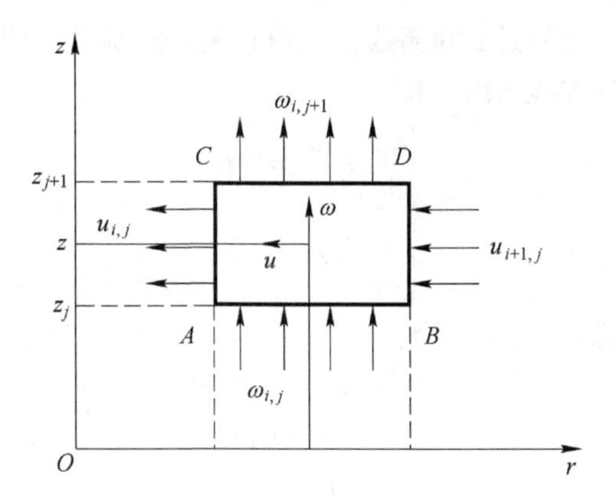

图 6-5 矩形单元可容速度场的建立

6.2.2.1 体积不变方程

矩形单元圆环柱体的体积为：

$$V = \pi(r_{i+1}^2 - r_i^2)(z_{j+1} - z_j)$$

将上式对时间求导，得：

$$\frac{dV}{dt} = \pi\left(2r_{i+1}\frac{dr_{i+1}}{dt} - 2r_i\frac{dr_i}{dt}\right)(z_{j+1} - z_j) + \pi(r_{i+1}^2 - r_i^2)\left(\frac{dz_{j+1}}{dt} - \frac{dz_j}{dt}\right)$$

根据假设，垂直于各平面上的速度为均匀分布，即：

$$\frac{dr_{i+1}}{dt} = u_{i+1,\,j};\quad \frac{dr_i}{dt} = u_{i,\,j};\quad \frac{dz_{j+1}}{dt} = \omega_{i,\,j+1};\quad \frac{dz_j}{dt} = \omega_{i,\,j}$$

考虑到体积不变假设，有 $dV/dt = 0$，故可得：

$$2\pi(r_{i+1}u_{i+1,\,j} - r_iu_{i,\,j})(z_{j+1} - z_j) + \pi(r_{i+1}^2 - r_i^2)(\omega_{i,\,j+1} - \omega_{i,\,j}) = 0 \quad (6\text{-}4)$$

式（6-4）规定了矩形单元的四个边界速度之间的关系，其中只能有三个边界速度是独立变量。

6.2.2.2 速度场方程

矩形单元内每一点都有三个速度分量（其中切向分量为零），根据体积不可压缩假设，每一点的应变（率）之和等于零，即：

$$\dot{\varepsilon}_r + \dot{\varepsilon}_\theta + \dot{\varepsilon}_z = 0$$

而对于轴对称问题则为：

$$\frac{\partial u}{\partial r} + \frac{u}{r} + \frac{\partial \omega}{\partial z} = 0$$

$$\frac{\partial u}{\partial r} + \frac{u}{r} = -\frac{\partial \omega}{\partial z}$$

对上式可视为右边只是 z 的函数，左边只是 r 的函数。两者互不相关，故可按两个独立的常微分方程求解，即：

$$\begin{cases} \dfrac{\mathrm{d}u}{\mathrm{d}r} + \dfrac{u}{r} = - C_1 \\ \dfrac{\mathrm{d}\omega}{\mathrm{d}z} = C_1 \end{cases} \tag{6-5}$$

式（6-5）中的第一式可写为：

$$r\mathrm{d}u + u\mathrm{d}r = - C_1 r\mathrm{d}r$$

$$\mathrm{d}(ru) = - C_1 r\mathrm{d}r$$

积分后得：

$$ru = - \frac{1}{2}C_1 r^2 + C_3$$

$$u = - \frac{1}{2}C_1 r + \frac{C_3}{r}$$

式(6-5)中的第 2 式积分得：

$$\omega = C_1 z + C_2$$

故矩形单元的内部速度场为：

$$\begin{cases} u = - \dfrac{1}{2}C_1 r + \dfrac{C_3}{r} \\ \omega = C_1 z + C_2 \end{cases} \tag{6-6}$$

式中，C_1、C_2、C_3 可根据单元体几何边界条件与速度边界条件来确定。

在$\overline{AB}$边界上，

$$z = z_j \text{ , } \omega = \omega_{i,\ j}$$

在 $\overline{CD}$ 边界上，

$$z = z_{j+1} \text{ , } \omega = \omega_{i,\ j+1}$$

将上式边界条件代入式(6-6)，有：

$$\omega_{i,\ j} = C_1 z_j + C_2$$

$$\omega_{i,\ j+1} = C_1 z_{j+1} + C_2$$

由以上两式可得出常数 C_1、C_2，即：

$$\begin{cases} C_1 = \dfrac{\omega_{i,\ j+1} - \omega_{i,\ j}}{z_{j+1} - z_j} \\ C_2 = \dfrac{\omega_{i,\ j} z_{j+1} - \omega_{i,\ j+1} z_j}{z_{j+1} - z_j} \end{cases} \tag{6-7}$$

在$\overline{AC}$边界上，$r = r_i$ ，$u = u_{i,\ j}$ 故可得：

$$u_{i,\ j} = - \frac{1}{2}C_1 r_i + \frac{C_3}{r_i}$$

将 C_1 值代入上式，得：

$$C_3 = u_{i,j}r_i + \frac{1}{2}\frac{\omega_{i,j+1} - \omega_{i,j}}{z_{j+1} - z_j}r_i^2 \tag{6-8}$$

将式(6-7)和式(6-8)代入式(6-6)，则得到矩形单元中任一点的速度分量，即单元速度场为：

$$\begin{cases} u = -\dfrac{(\omega_{i,j+1} - \omega_{i,j})r}{2(z_{j+1} - z_j)} + \left[u_{i,j}r_i + \dfrac{1}{2}\dfrac{(\omega_{i,j+1} - \omega_{i,j})r_i^2}{z_{j+1} - z_j}\right]\dfrac{1}{r} \\ \omega = \dfrac{(\omega_{i,j+1} - \omega_{i,j})z}{z_{j+1} - z_j} + \dfrac{\omega_{i,j}z_{j+1} - \omega_{i,j+1}z_j}{z_{j+1} - z_j} \end{cases} \tag{6-9}$$

令

$$\begin{cases} M = \dfrac{\omega_{i,j+1} - \omega_{i,j}}{z_{j+1} - z_j} \\ N = u_{i,j}r_i + \dfrac{\omega_{i,j+1} - \omega_{i,j}}{2(z_{j+1} - z_j)}r_i^2 \end{cases}$$

则矩形单元速度场可简写为：

$$\begin{cases} u = -\dfrac{1}{2}Mr + \dfrac{N}{r} \\ \omega = Mz - Mz_j + \omega_{i,j} \end{cases} \tag{6-10}$$

6.2.3 矩形单元的上限功率

6.2.3.1 塑性变形功率

由式(6-10)得出矩形单元应变速率场为：

$$\dot{\varepsilon}_{\mathrm{r}} = \frac{\partial u}{\partial r} = -\frac{1}{2}M - \frac{N}{r^2}$$

$$\dot{\varepsilon}_{\theta} = \frac{u}{r} = -\frac{1}{2}M + \frac{N}{r^2}$$

根据 $\dot{\varepsilon}_{\mathrm{r}} + \dot{\varepsilon}_{\theta} + \dot{\varepsilon}_{\mathrm{z}} = 0$ 可得：

$$\dot{\varepsilon}_{\mathrm{z}} = M;\ \dot{\gamma}_{\mathrm{r\theta}} + \dot{\gamma}_{\mathrm{\theta z}} + \dot{\gamma}_{\mathrm{zr}} = 0$$

根据金属塑性成形原理可知，矩形单元圆环的塑性变形功率为：

$$\begin{aligned} W_i &= \frac{2}{\sqrt{3}}\sigma_{\mathrm{s}}\int_v \sqrt{\frac{1}{2}\dot{\varepsilon}_{i,j}\dot{\varepsilon}_{i,j}}\,\mathrm{d}v \\ &= \frac{2}{\sqrt{3}}\sigma_{\mathrm{s}}\int_v \sqrt{\frac{1}{2}(\varepsilon_{\mathrm{r}}^2 + \varepsilon_{\theta}^2 + \varepsilon_{\mathrm{z}}^2)}\,\mathrm{d}v \\ &= \frac{2}{\sqrt{3}}\sigma_{\mathrm{s}}\int_v \sqrt{\frac{3}{4}M^2 + \frac{N^2}{r^4}}\,\mathrm{d}v \end{aligned}$$

$$= \frac{2}{\sqrt{3}}\sigma_{\mathrm{s}} \times 2\pi(z_{j+1} - z_j) \int_{r_i}^{r_{i+1}} \sqrt{\frac{3}{4}M^2 + \frac{N^2}{r^4}} r\mathrm{d}r$$

积分，得：

$$W_i = \frac{2}{\sqrt{3}}\sigma_{\mathrm{s}}(z_{j+1} - z_j)\pi N\left[\sqrt{1 + \frac{3M^2}{4N^2}r_{i+1}^4} - \sqrt{1 + \frac{3M^2}{4N^2}r_i^4} + \ln\left(\frac{2N + \sqrt{4N^2 + 3M^3 r_{i+1}^4}}{2N + \sqrt{4N^2 + 3M^2 r_i^4}} \frac{r_i^2}{r_{i+1}^2}\right)\right] \tag{6-11}$$

6.2.3.2　矩形单元之间速度间断消耗功率

如图 6-6 所示，对于具有水平边界的两个矩形单元之间的滑动功率为：

$$W_{\mathrm{s}} = \int_{S_{\mathrm{D}}} \tau \left| \Delta u_i \right| \mathrm{d}S_{\mathrm{D}}$$

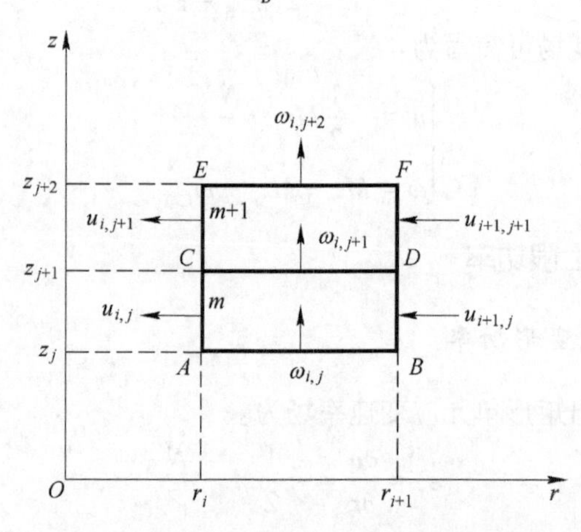

图 6-6　矩形单元间的速度间断消耗功率

图 6-6 中单元 $ABCD$ 编号为 m，单元 $CDEF$ 编号为 $m+1$，则：

$$\left| \Delta u_i \right| = \left| u^m - u^{m+1} \right|$$

根据式(6-6)可求出 u^m 和 u^{m+1} 为：

$$u^m = -\frac{\omega_{i,j+1} - \omega_{i,j}}{2(z_{j+1} - z_j)}r + \left[u_{i,j}r_i + \frac{1}{2}\frac{\omega_{i,j+1} - \omega_{i,j}}{z_{j+1} - z_j}r_i^2\right]\frac{1}{r}$$

$$u^{m+1} = -\frac{\omega_{i,j+2} - \omega_{i,j+1}}{2(z_{j+2} - z_{j+1})}r + \left[u_{i,j+1}r_i + \frac{1}{2}\frac{\omega_{i,j+2} - \omega_{i,j}}{z_{j+2} - z_j}r_i^2\right]\frac{1}{r}$$

$$\left| \Delta u_i \right| = \left| u^m - u^{m+1} \right| = \left| -\left(\frac{\omega_{i,j+1} - \omega_{i,j}}{z_{j+1} - z_j} - \frac{\omega_{i,j+2} - \omega_{i,j+1}}{z_{j+2} - z_{j+1}}\right)\frac{r}{2} + \right.$$

$$\left.\frac{r_i}{r}(u_{i,j}-u_{i,j+1})+\frac{r_i^2}{2r}\left(\frac{\omega_{i,j+1}-\omega_{i,j}}{z_{j+1}-z_j}-\frac{\omega_{i,j+2}-\omega_{i,j+1}}{z_{j+2}-z_{j+1}}\right)\right|$$

令

$$\begin{cases} M=\dfrac{1}{2}\left(\dfrac{\omega_{i,j+1}-\omega_{i,j}}{z_{j+1}-z_j}-\dfrac{\omega_{i,j+2}-\omega_{i,j+1}}{z_{j+2}-z_{j+1}}\right) \\ N=u_{i,j+1}-u_{i,j} \end{cases}$$

所以

$$|\Delta u_i|=\left|-Mr-\frac{r_i}{r}N+\frac{r_i^2}{r}M\right|$$

$$dS_D=2\pi r dr$$

由此可得：

$$W_s=\int_{S_D}\tau|\Delta u_i|dS_D=\int\tau\left|-Mr-\frac{r_i}{r}N+\frac{M}{r}r_i^2\right|2\pi r dr$$

$$=\pi\tau\left|\frac{2}{3}M(r_{i+1}-r_i)^2(r_{i+1}+2r_i)+2Nr_i(r_{i+1}-r_i)\right| \tag{6-12}$$

6.2.3.3 矩形单元与工具接触表面之间的摩擦功率

在金属塑性成形过程中，变形金属在速度面 S_u 上滑动时，会遇到摩擦阻力，如图 6-7 所示。其计算公式为：

$$W_f=\int_{S_u}\tau_f|\Delta v|dS_u$$

式中 Δv ——摩擦滑动速度；

τ_f ——摩擦剪应力，若按摩擦常量来考虑，则 $\tau_f=m\sigma_s/\sqrt{3}$；

m ——摩擦因子。

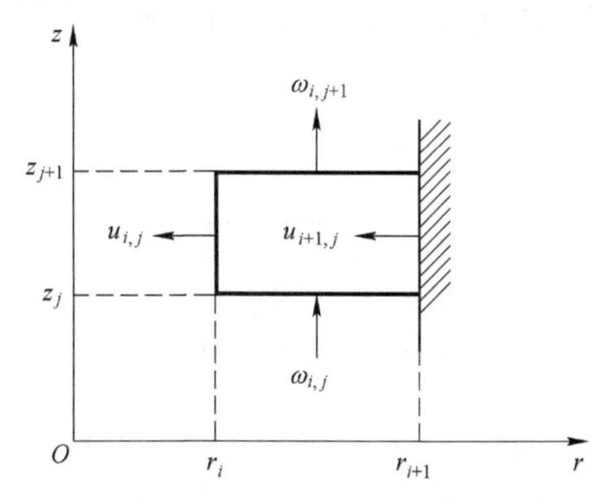

图 6-7 矩形单元与工具之间的摩擦功率

所以

$$W_{\mathrm{f}} = \frac{m\sigma_{\mathrm{s}}}{\sqrt{3}}\int_{S_{\mathrm{u}}} |\Delta v| \mathrm{d}S_{\mathrm{u}} = \frac{m\sigma_{\mathrm{s}}}{\sqrt{3}}\int_{S_{\mathrm{u}}} |\Delta \omega| \mathrm{d}S_{\mathrm{u}}$$

$\Delta\omega$ 按式（6-9）计算，得：

$$|\Delta\omega| = \left| \frac{(\omega_{i,\ j+1} - \omega_{i,\ j})z}{z_{j+1} - z_j} + \frac{\omega_{i,\ j}z_{j+1} - \omega_{i,\ j+1}z_j}{z_{j+1} - z_j} \right|$$

令

$$M = \frac{\omega_{i,\ j+1} - \omega_{i,\ j}}{z_{j+1} - z_j}$$

则

$$|\Delta\omega| = |Mz - Mz_j + \omega_{i,\ j}|$$

所以

$$\begin{aligned} W_{\mathrm{f}} &= \frac{m\sigma_{\mathrm{s}}}{\sqrt{3}}\int_{S_{\mathrm{u}}} |Mz - Mz_j + \omega_{i,\ j}| 2\pi r_{i+1} \mathrm{d}z \\ &= \frac{m\sigma_{\mathrm{s}}}{\sqrt{3}}\int_{z_j}^{z_{j+1}} |Mz - Mz_j + \omega_{i,\ j}| 2\pi r_{i+1} \mathrm{d}z \\ &= \frac{1}{\sqrt{3}} m\sigma_{\mathrm{s}} r_{i+1} |M(z_{j+1} - z_j)^2 + 2\omega_{i,\ j}(z_{j+1} - z_j)| \end{aligned} \tag{6-13}$$

6.2.4　三角形单元动可容速度场的建立

6.2.4.1　体积不变方程

直角三角形在变形时，斜边 BC 总保持其在坐标系中的方位不变，既不伸长，也不缩短，而且边界速度也不变，这样的直线可视为刚性线。根据这项假设，可以假想将刚性线扩展为一个刚性三角形，如图 6-8 所示。

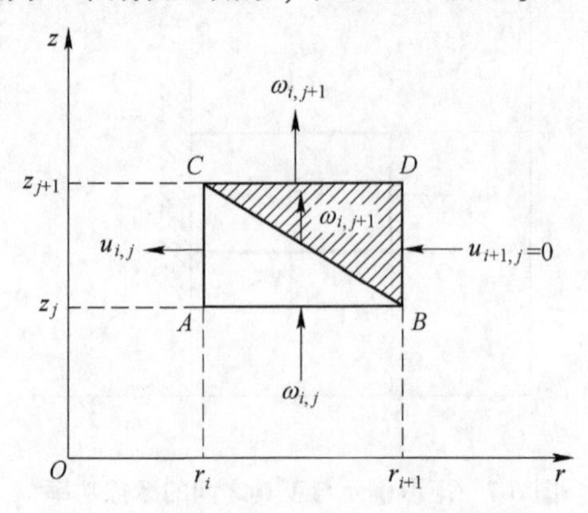

图 6-8　三角形单元动可容速度场的建立

由于扩展的直角三角形是刚性的，所以它的两条边的边界速度与斜边的边界速度相同，于是必有 $u_{i+1,\ j}=0$。

准矩形单元圆环的体积为：

$$V=\pi(r_{i+1}^2-r_i^2)(z_{j+1}-z_j)$$

将上式对时间求导，得：

$$\frac{\mathrm{d}V}{\mathrm{d}t}=\pi\left(2r_{i+1}\frac{\mathrm{d}r_{i+1}}{\mathrm{d}t}-2r_i\frac{\mathrm{d}r_i}{\mathrm{d}t}\right)(z_{j+1}-z_j)+\pi(r_{i+1}^2-r_i^2)\left(\frac{\mathrm{d}z_{j+1}}{\mathrm{d}t}-\frac{\mathrm{d}z_j}{\mathrm{d}t}\right)$$

考虑到

$$\frac{\mathrm{d}r_{i+1}}{\mathrm{d}t}=u_{i+1,\ j}=0\ ;\ \frac{\mathrm{d}r_i}{\mathrm{d}t}=u_{i,\ j}\ ;\ \frac{\mathrm{d}z_{j+1}}{\mathrm{d}t}=\omega_{i,\ j+1}\ ;\ \frac{\mathrm{d}z_j}{\mathrm{d}t}=\omega_{i,\ j}$$

及体积不变假设 $\frac{\mathrm{d}V}{\mathrm{d}t}=0$，可得出：

$$-2\pi r_i u_{i,\ j}(z_{j+1}-z_j)+\pi(r_{i+1}^2-r_i^2)(\omega_{i,\ j+1}-\omega_{i,\ j})=0$$

即

$$(r_{i+1}^2-r_i^2)(\omega_{i,\ j+1}-\omega_{i,\ j})-2r_i u_{i,\ j}(z_{j+1}-z_j)=0 \tag{6-14}$$

6.2.4.2 速度场方程

直角三角形单元内任一点的速度分量为（u，ω）（见图 6-9），则对轴对称问题该点的体积不变条件为：

$$\frac{\partial u}{\partial r}+\frac{u}{r}+\frac{\partial \omega}{\partial z}=0$$

即

$$\frac{\partial u}{\partial r}+\frac{u}{r}=-\frac{\partial \omega}{\partial z}$$

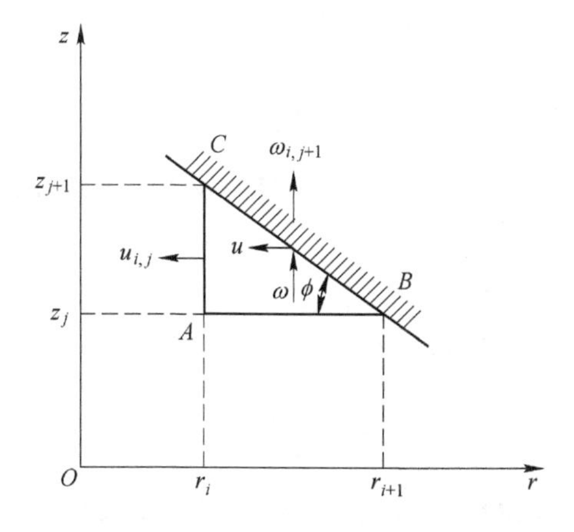

图 6-9 直角三角形单元的边界速度条件

假设 u 仅为 r 的函数而与 z 无关，但为了保证直角三角形单元斜边在变形过程中成为刚性线，必须假设 ω 同时为 z 和 r 的函数，故可写成：

$$\begin{cases} \dfrac{\partial u}{\partial r} + \dfrac{u}{r} = -\phi(r) \\ \dfrac{\partial \omega}{\partial z} = \phi(r) \end{cases} \tag{6-15}$$

$\phi(r)$ 有两个最简单的表达式，即：

$$\phi(r) = C_1 r \quad 或 \quad \phi(r) = \frac{C_1}{r}$$

这里采用 $\phi(r) = \dfrac{C_1}{r}$ 来计算，将 $\phi(r) = \dfrac{C_1}{r}$ 代入式（6-15），积分得：

$$\frac{\mathrm{d}u}{\mathrm{d}r} + \frac{u}{r} = -\frac{C_1}{r}$$

$$r\mathrm{d}u + u\mathrm{d}r = -C_1\mathrm{d}r$$

$$\mathrm{d}(ur) = -C_1\mathrm{d}r$$

$$ur = -C_1 r + C_2$$

$$u = -C_1 + \frac{C_2}{r}$$

$$\frac{\partial \omega}{\partial z} = \frac{C_1}{r}$$

$$\omega = C_1\frac{z}{r} + f(r)$$

因此，单元速度场的一般表达式为：

$$\begin{cases} u = -C_1 + \dfrac{C_2}{r} \\ \omega = C_1\dfrac{z}{r} + f(r) \end{cases} \tag{6-16}$$

式中，C_1、C_2 为待定常数；$f(r)$ 为 r 的待定函数。

在 $\overline{AB}$ 边界上，速度场内一点的法向速度必须与边界速度 $\omega_{i,\,j+1}$ 的法向分量相等，以保证变形的连续性，即：

$$\omega_{i,\,j+1} = u\tan\phi + \omega \quad (r_i \leqslant r \leqslant r_{i+1},\ z_j \leqslant z \leqslant z_{j+1}) \tag{6-17}$$

将式(6-16)代入式(6-17)，得：

$$\omega_{i,\,j+1} = -C_1\tan\phi + \frac{C_2}{r}\tan\phi + C_1\frac{z}{r} + f(r) \tag{6-18}$$

在 $\overline{BC}$ 边界上，一点的 z 坐标与 r 坐标有下列关系：

$$z = (r_{i+1} - r)\tan\phi + z_j$$

代入式(6-18)，化简得：

$$\omega_{i,\,j+1} = -2C_1\tan\phi + \frac{1}{r}(C_2 + C_1 r_{i+1})\tan\phi + C_1\frac{z_j}{r} + f(r) \tag{6-19}$$

因为

$$\omega_{i,\,j} = C_1\frac{z_j}{r} + f(r)$$

故式(6-19)可变成为：

$$\omega_{i,\,j+1} - \omega_{i,\,j} = -2C_1\tan\phi + \frac{1}{r}(C_2 + C_1 r_{i+1})\tan\phi$$

分析上式可知左端为一常数，右端是 r 的函数，为保证不论 r 在定义域范围内取何值（$r_i \leqslant r \leqslant r_{i+1}$）上式恒能成立，含 r 项的代数式之和必为零，故得：

$$\begin{cases} C_1 = -\dfrac{1}{2}(\omega_{i,\,j+1} - \omega_{i,\,j})\cot\phi \\ C_2 = \dfrac{r_{i+1}}{2}(\omega_{i,\,j+1} - \omega_{i,\,j})\cot\phi \end{cases} \tag{6-20}$$

将体积不变关系式(6-14)代入式（6-20），并考虑到 $\cot\phi = \dfrac{r_{i+1} - r_i}{z_{j+1} - z_j}$，得：

$$\begin{cases} C_1 = -\dfrac{r_i u_{i,\,j}}{r_{i+1} + r_i} \\ C_2 = \dfrac{r_i u_{i,\,j}}{r_{i+1} + r_i} r_{i+1} \end{cases} \tag{6-21}$$

将式(6-20)和式(6-21)分别代入式(6-19)，得：

$$f(r) = \omega_{i,\,j} + \frac{1}{2}(\omega_{i,\,j+1} - \omega_{i,\,j})\frac{z_j}{r}\cot\phi \tag{6-22}$$

$$f(r) = \omega_{i,\,j} + \frac{r_i u_{i,\,j} z_j}{r_{i+1} + r_i}\frac{1}{r} \tag{6-23}$$

将式（6-20）~式（6-23）分别代入式(6-16)，则确定出直角三角形单元速度场的具体表达式为：

$$\begin{cases} \omega = \omega_{i,\,j} + \dfrac{1}{2}(\omega_{i,\,j+1} - \omega_{i,\,j})\dfrac{r_{i+1} - r_i}{z_{j+1} - z_j}\dfrac{z_j - z}{r} \\ u = \dfrac{1}{2}(\omega_{i,\,j+1} - \omega_{i,\,j})\dfrac{r_{i+1} - r_i}{z_{j+1} - z_j}\left(1 + \dfrac{r_{i+1}}{r}\right) \end{cases} \tag{6-24}$$

及

$$\begin{cases}\omega = \omega_{i,j} + \dfrac{r_i}{r_{i+1} + r_i} u_{i,j}(z_j - z)\dfrac{1}{r} \\ u = \dfrac{r_i u_{i,j}}{r_{i+1} + r_i}\left(1 + \dfrac{r_{i+1}}{r}\right)\end{cases} \tag{6-25}$$

式(6-24)和式(6-25)是恒等的，可根据具体情况选用，同理可得出其他形式的三角形速度场。

Ⅱ型三角形如图 6-3(b)所示，动可容速度场可表示为：

$$\begin{cases}\omega = \omega_{i,j+1} + \dfrac{r_i}{r_{i+1} + r_i} u_{i+1,j}(z_{j+1} - z)\dfrac{1}{r} \\ u = \dfrac{r_i}{r_{i+1} + r_i} u_{i+1,j} + \dfrac{r_{i+1} r_i}{r_{i+1} + r_i} u_{i+1,j}\dfrac{1}{r}\end{cases} \tag{6-26}$$

Ⅲ型三角形单元如图 6-3(c)所示。动可容速度场可表示为：

$$\begin{cases}\omega = \omega_{i,j} + \dfrac{r_i}{r_{i+1} + r_i} u_{i+1,j}(z_j - z)\dfrac{1}{r} \\ u = \dfrac{r_{i+1}}{r_{i+1} + r_i} u_{i+1,j} + \dfrac{r_i r_{i+1}}{r_{i+1} + r_i} u_{i+1,j}\dfrac{1}{r}\end{cases} \tag{6-27}$$

Ⅳ型三角形单元如图 6-3(d)所示，动可容速度场可表示为：

$$\begin{cases}\omega = \omega_{i,j+1} + \dfrac{r_i}{r_{i+1} + r_i} u_{i,j}(z_{j+1} - z)\dfrac{1}{r} \\ u = \dfrac{r_i}{r_{i+1} + r_i} u_{i,j} + \dfrac{r_{i+1} r_i}{r_{i+1} + r_i} u_{i+1,j}\dfrac{1}{r}\end{cases} \tag{6-28}$$

6.2.5 三角形单元的上限功率

6.2.5.1 塑性变形功率

由式（6-25）得出三角形单元应变速率场为：

$$\dot{\varepsilon}_r = \frac{\partial u}{\partial r} = \frac{r_i r_{i+1} u_{i,j}}{r_{i+1} + r_i}\left(-\frac{1}{r^2}\right)$$

$$\dot{\varepsilon}_\theta = \frac{u}{r} = \frac{r_i u_{i,j}}{r_{i+1} + r_i}\left(\frac{1}{r} + \frac{r_{i+1}}{r^2}\right)$$

$$\dot{\varepsilon}_z = \frac{\partial \omega}{\partial z} = -\frac{r_i}{r_{i+1} + r_i} u_{i,j}\frac{1}{r}$$

$$\gamma_{rz} = \frac{1}{2}\left(\frac{\partial u}{\partial z} + \frac{\partial \omega}{\partial r}\right) = \frac{1}{2}\frac{r_i u_{i,j}}{r_{i+1} + r_i}(z - z_j)\frac{1}{r^2}$$

$$\gamma_{r\theta} = \gamma_{\theta z} = 0$$

根据金属塑性成形原理可知，Ⅰ、Ⅳ型三角形单元圆环的塑性变形功率为：

$$\begin{aligned} W_i &= \sqrt{\frac{2}{3}}\sigma_s\int_v \sqrt{\dot{\varepsilon}_r^2 + \dot{\varepsilon}_\theta^2 + \dot{\varepsilon}_z^2 + 2\gamma_{rz}^2}\,dv \\ &= \sqrt{2}K\int_v \sqrt{\left(\frac{r_i u_{i,j}}{r_{i+1} + r_i}\right)^2\left[\frac{r_{i+1}^2}{r^4} + \frac{1}{r^2} + \frac{2r_{i+1}}{r^3} + \frac{r_{i+1}^2}{r^4} + \frac{1}{r^2} + \frac{(z - z_j)^2}{2r^4}\right]}\,dv \\ &= 4\pi K\left|\frac{r_i u_{i,j}}{r_{i+1} + r_i}\right|\int_{r_i}^{r_{i+1}}\int_{z_j}^{f(r)} \sqrt{\left(1 + \frac{r_{i+1}}{r} + \frac{r_{i+1}^2}{r^2} + \frac{(z - z_j)^2}{2r^2}\right)}\,drdz \end{aligned} \tag{6-29}$$

式中，$f(r) = z_{j+1} + \dfrac{z_j - z_{j+1}}{r_{i+1} + r_i}(r - r_i)$。

同理可求Ⅱ、Ⅲ型三角形单元的塑性变形功率。

由式(6-26)得出Ⅱ型三角形单元应变速率场为：

$$\dot{\varepsilon}_r = \frac{\partial u}{\partial r} = \frac{r_{i+1} r_i u_{i+1,j}}{r_{i+1} + r_i}\left(-\frac{1}{r^2}\right)$$

$$\dot{\varepsilon}_\theta = \frac{u}{r} = \frac{r_i u_{i+1,j}}{r_{i+1} + r_i}\left(\frac{1}{r} + \frac{r_{i+1}}{r^2}\right)$$

$$\dot{\varepsilon}_z = \frac{\partial \omega}{\partial z} = -\frac{r_i u_{i+1,j}}{r_{i+1} + r_i}\frac{1}{r}$$

$$\gamma_{rz} = \frac{1}{2}\left(\frac{\partial u}{\partial z} + \frac{\partial \omega}{\partial r}\right) = \frac{r_i u_{i+1,j}}{r_{i+1} + r_i}(z - z_{j+1})\frac{1}{r^2}$$

$$\gamma_{r\theta} = \gamma_{\theta z} = 0$$

根据金属塑性成形原理可知，Ⅱ、Ⅲ型三角形单元圆环的塑性变形功率为：

$$\begin{aligned} W_i &= \sqrt{\frac{2}{3}}\sigma_s\int_v \sqrt{\dot{\varepsilon}_r^2 + \dot{\varepsilon}_\theta^2 + \dot{\varepsilon}_z^2 + 2\gamma_{rz}^2}\,dv \\ &= \sqrt{2}K\int_v \sqrt{\left(\frac{r_i u_{i+1,j}}{r_{i+1} + r_i}\right)^2\left[\frac{r_{i+1}^2}{r^4} + \frac{1}{r^2} + \frac{2r_{i+1}}{r^3} + \frac{r_{i+1}^2}{r^4} + \frac{1}{r^2} + \frac{(z - z_{j+1})^2}{2r^4}\right]}\,dv \\ &= 4\pi K\left|\frac{r_i u_{i+1,j}}{r_{i+1} + r_i}\right|\int_{r_i}^{r_{i+1}}\int_{f(r)}^{z_{j+1}} \sqrt{1 + \frac{r_{i+1}}{r} + \frac{r_{i+1}^2}{r^2} + \frac{(z - z_{j+1})^2}{4r^2}}\,drdz \end{aligned} \tag{6-30}$$

式中，$f(r) = z_{j+1} + \dfrac{z_j - z_{j+1}}{r_{i+1} - r_i}(r - r_i)$。

6.2.5.2　矩形单元与三角形单元相邻边界上的速度间断消耗功率

A　矩形单元与Ⅰ型三角形单元之间速度间断消耗功率

如图 6-10 所示，其公共边 $\overline{AC}$ 上的速度间断消耗的功率为：

$$W_s = K\int_{S_p} |\Delta\omega| dS_p$$

式中　K——剪切屈服极限；

S_p——$\overline{AC}$ 线绕 z 轴旋转而成的锥面。

且

$$dS_p = 2\pi r_i dz$$

则

$$|\Delta\omega| = |\omega_{ACDE} - \omega_{ABC}|$$

即为矩形单元 $ACDE$ 的 z 向速度与三角形单元 ABC 的 z 向速度的差值（绝对值）。

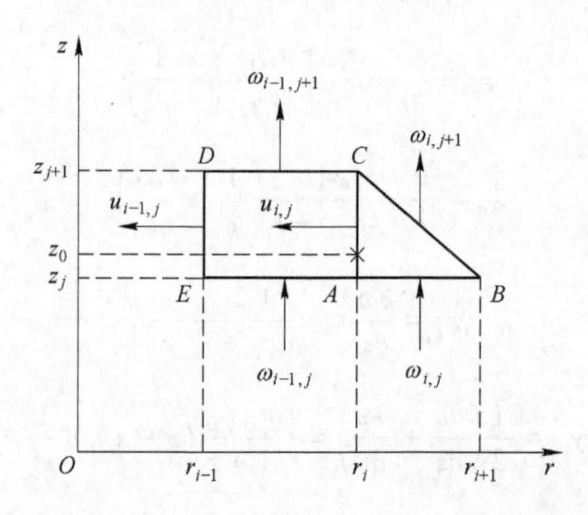

图 6-10　矩形单元与Ⅰ型三角形单元之间速度间断消耗功率

故得：

$$W_s = 2\pi r_i K\int_{z_j}^{z_{j+1}} |\omega_{ACDE} - \omega_{ABC}| dz$$

式中，ω_{ACDE} 及 ω_{ABC} 分别用式（6-9）和式（6-25）计算。

若以上角标符号 A、C 分别代表 A 点和 C 点的速度分量，则当 $\omega_{ACDE}^A > \omega_{ABC}^A$ 且 $\omega_{ACDE}^C > \omega_{ABC}^C$（或 $\omega_{ACDE}^A < \omega_{ABC}^A$ 且 $\omega_{ACDE}^C < \omega_{ABC}^C$）时，有：

$$W_s = 2\pi r_i K\left|\int_{z_j}^{z_{j+1}} (\omega_{ACDE} - \omega_{ABC}) dz\right|$$

$$= 2\pi r_i K\left|\int_{z_j}^{z_{j+1}} \left[\frac{(\omega_{i-1,j+1} - \omega_{i-1,j})z}{z_{j+1} - z_j} + \frac{\omega_{i-1,j}z_{j+1} - \omega_{i-1,j+1}z_j}{z_{j+1} - z_j} - \omega_{i,j} - \frac{u_{i,j}}{r_{i+1,j} + r_i}(z_j - z)\right] dz\right|$$

$$= 2\pi r_i K \left| \frac{1}{2}(\omega_{i-1,\,j+1} - \omega_{i-1,\,j})(z_{j+1} + z_j) + \omega_{i-1,\,j}z_{j+1} - \omega_{i-1,\,j+1}z_j - \right.$$

$$\left. \omega_{i,\,j}z_{j+1} + \omega_{i,\,j}z_j - \frac{u_{i,\,j}z_j}{r_{i+1} + r_i}(z_{j+1} - z_j) + \frac{1}{2}\frac{u_{i,\,j}}{r_{i+1} + r_i}(z_{j+1}^2 - z_j^2) \right| \tag{6-31}$$

若 $\omega_{ACDE}^{A} > \omega_{ABC}^{A}$ 且 $\omega_{ACDE}^{C} < \omega_{ABC}^{C}$（或 $\omega_{ACDE}^{A} < \omega_{ABC}^{A}$ 且 $\omega_{ACDE}^{C} > \omega_{ABC}^{C}$），则两端的切向速度是异向不等关系。$\overline{AC}$ 边界上必存在一个 z_0 点在这两个单元的切向速度相等，即 $\omega_{ACDE}^{z_0} = \omega_{ABC}^{z_0}$，这时

$$W_s = 2\pi r_i K \left[\left| \int_{z_j}^{z_0} (\omega_{ACDE} - \omega_{ABC})\mathrm{d}z \right| + \left| \int_{z_0}^{z_{j+1}} (\omega_{ACDE} - \omega_{ABC})\mathrm{d}z \right| \right] \tag{6-32}$$

B　矩形单元与Ⅱ型三角形单元之间速度间断消耗功率

如图 6-11 所示，其公共边 $\overline{AC}$ 上的速度间断消耗的功率为：

$$W_s = K\int_{S_p} |\Delta\omega| \mathrm{d}S_p$$

式中　S_p —— $\overline{AC}$ 线绕 z 轴旋转而成的柱面。

且

$$\mathrm{d}S_p = 2\pi r_i \mathrm{d}z$$

$$|\Delta\omega| = |\omega_{ABC} - \omega_{ACDE}|$$

式中，ω_{ABC} 和 ω_{ACDE} 分别用式（6-26）和式（6-9）计算。

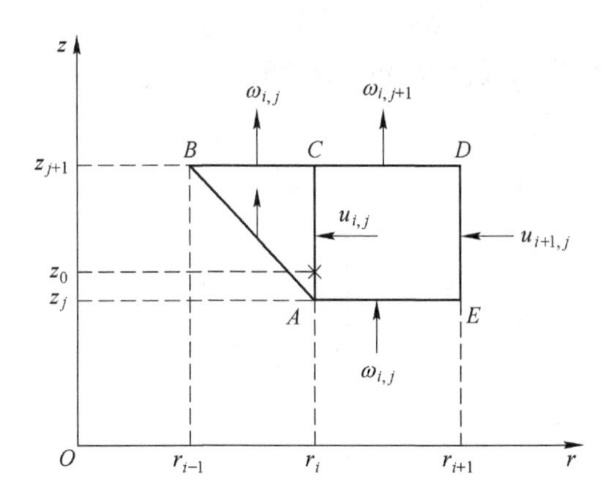

图 6-11　矩形单元与Ⅱ型三角形单元之间速度间断消耗功率

若以上角标符号 A、C 分别代表 A 点及 C 点的速度分量，则当 $\omega_{ABC}^{A} > \omega_{ACDE}^{A}$ 且 $\omega_{ABC}^{C} > \omega_{ACDE}^{C}$（或 $\omega_{ABC}^{A} < \omega_{ACDE}^{A}$ 且 $\omega_{ABC}^{C} < \omega_{ACDE}^{C}$）时，有

$$
\begin{aligned}
W_{s} &= 2\pi r_i K\left|\int_{z_j}^{z_{j+1}}(\omega_{ABC}-\omega_{ACDE})\mathrm{d}z\right| \\
&= 2\pi r_i K\left|\int_{z_j}^{z_{j+1}}\left[\omega_{i-1,\ j+1}+\frac{r_{i-1}}{r_i+r_{i-1}}u_{i,\ j}(z_{j+1}-z)\frac{1}{r_i}-\frac{(\omega_{i,\ j+1}-\omega_{i,\ j})z}{z_{j+1}-z_j}-\frac{\omega_{i,\ j}z_{j+1}-\omega_{i,\ j+1}z_j}{z_{j+1}-z_j}\right]\mathrm{d}z\right| \\
&= 2\pi r_i K\left|\omega_{i-1,\ j+1}(z_{j+1}-z_j)+\frac{r_{i-1}}{r_i(r_{i-1}+r_i)}u_{i,\ j}z_{j+1}(z_{j+1}-z_j)-\omega_{i,\ j}z_{j+1}-\right. \\
&\quad \left.\frac{r_{i-1}u_{i,\ j}(z_{j+1}^2-z_j^2)}{2r_i(r_{i-1}+r_i)}-\frac{1}{2}(\omega_{i,\ j+1}-\omega_{i,\ j})(z_{j+1}+z_j)+\omega_{i,\ j+1}z_j\right| \qquad (6\text{-}33)
\end{aligned}
$$

若 $\omega_{ABC}^{A}>\omega_{ACDE}^{A}$ 且 $\omega_{ABC}^{C}<\omega_{ACDE}^{C}$（或 $\omega_{ABC}^{A}<\omega_{ACDE}^{A}$ 且 $\omega_{ABC}^{C}>\omega_{ACDE}^{C}$），则两端的切向速度是异向不等关系。$\overline{AC}$ 边界上必存在一个 z_0 点，在这两个单元的切向速度相等，即 $\omega_{ABC}^{z_0}=\omega_{ACDE}^{z_0}$，这时

$$W_{s}=2\pi r_i K\left[\left|\int_{z_j}^{z_0}(\omega_{ABC}-\omega_{ACDE})\mathrm{d}z\right|+\left|\int_{z_0}^{z_{j+1}}(\omega_{ABC}-\omega_{ACDE})\right|\mathrm{d}z\right] \qquad (6\text{-}34)$$

C　矩形单元与Ⅲ型三角形单元之间速度间断消耗功率

如图 6-12 所示，公共边 $\overline{AC}$ 上的速度间断消耗的功率为：

$$W_{s}=K\int_{S_p}|\Delta u|\mathrm{d}S_p$$

式中　S_p —— $\overline{AC}$ 线绕 z 轴旋转而成的环面。

且

$$\mathrm{d}S_p=2\pi r\mathrm{d}r$$

$$|\Delta u|=|u_{ACDE}-u_{ABC}|$$

式中，u_{ACDE} 和 u_{ABC} 分别用式(6-9)和式(6-26)计算。

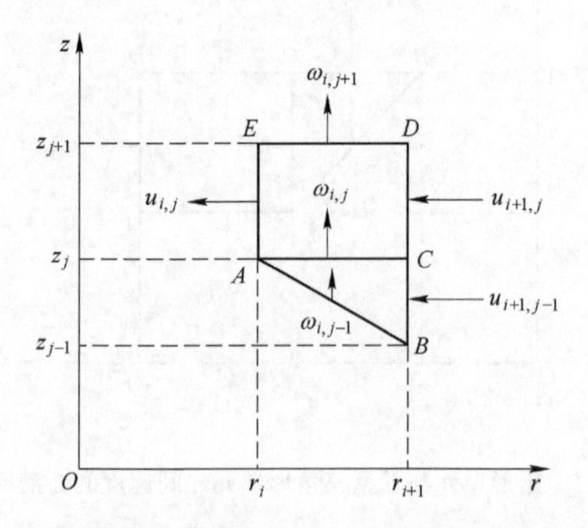

图 6-12　矩形单元与Ⅲ型三角形单元之间速度间断消耗功率

当 $u_{ACDE}^{A}>u_{ABC}^{A}$ 且 $u_{ACDE}^{C}>u_{ABC}^{C}$ 或 $u_{ACDE}^{A}<u_{ABC}^{A}$ 且 $u_{ACDE}^{C}<u_{ABC}^{C}$ 时，有

$$
\begin{aligned}
W_s &= K\int_{S_p} |\Delta u| \mathrm{d}S_p \\
&= 2\pi K\left|\int_{r_i}^{r_{i+1}}\left[-\frac{(\omega_{i,j+1}-\omega_{i,j})r}{2(z_{j+1}-z_j)}+\left(u_{i,j}r_i+\frac{1}{2}\frac{\omega_{i,j+1}-\omega_{i,j}}{z_{j+1}-z_j}r_i^2\right)\frac{1}{r}\right.\right. \\
&\quad\left.\left.-\frac{r_i}{r_{i+1}+r_i}u_{i+1,j-1}-\frac{r_{i+1}r_i}{r_{i+1}+r_i}u_{i+1,j-1}\frac{1}{r}\right]r\mathrm{d}r\right| \\
&= 2\pi K\left|-\frac{1}{6}\frac{\omega_{i,j+1}-\omega_{i,j}}{(z_{j+1}-z_j)}(r_{i+1}^3-r_i^3)+u_{i,j}r_i(r_{i+1}-r_i)+\frac{1}{2}\frac{\omega_{i,j+1}-\omega_{i,j}}{z_{j+1}-z_j}r_i^2(r_{i+1}-r_i)-\right. \\
&\quad\left.\frac{1}{2}r_iu_{i+1,j-1}(r_{i+1}-r_i)-\frac{r_{i+1}r_i}{r_{i+1}+r_i}u_{i+1,j-1}(r_{i+1}-r_i)\right|
\end{aligned}
\tag{6-35}
$$

若 $u_{\mathrm{ACDE}}^{A} > u_{\mathrm{ABC}}^{A}$ 且 $u_{\mathrm{ACDE}}^{C} < u_{\mathrm{ABC}}^{C}$（或 $u_{\mathrm{ACDE}}^{A} < u_{\mathrm{ABC}}^{A}$ 且 $u_{\mathrm{ACDE}}^{C} > u_{\mathrm{ABC}}^{C}$），则两端的速度是异向不等关系。$\overline{AC}$ 边界上存在一点 r_0，使 $u_{\mathrm{ACDE}}^{r_0} = u_{\mathrm{ABC}}^{r_0}$，这时

$$
W_s = 2\pi K\left[\left|\int_{r_i}^{r_0}|u_{\mathrm{ACDE}}-u_{\mathrm{ABC}}|r\mathrm{d}r\right|+\left|\int_{r_0}^{r_{i+1}}|u_{\mathrm{ACDE}}-u_{\mathrm{ABC}}|r\mathrm{d}r\right|\right] \tag{6-36}
$$

D 矩形单元与Ⅳ型三角形单元之间速度间断消耗功率

如图 6-13 所示，公共边 $\overline{AC}$ 上的速度间断的消耗功率为：

$$
W_s = K\int_{S_p}|\Delta u|\mathrm{d}S_p
$$

式中 S_p ——$\overline{AC}$ 线绕 z 轴旋转而成的环面，即：

$$
\mathrm{d}S_p = 2\pi r\mathrm{d}r
$$

$$
|\Delta u| = |u_{\mathrm{ABC}} - u_{\mathrm{ACDE}}|
$$

式中，u_{ACDE} 和 u_{ABC} 分别用式（6-9）和式(6-28)计算。

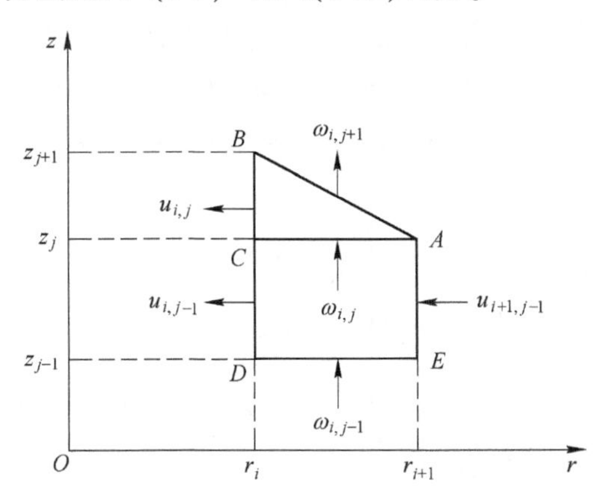

图 6-13 矩形单元与Ⅳ型三角形单元之间速度间断消耗功率

当 $u_{\mathrm{ACDE}}^{A} > u_{\mathrm{ABC}}^{A}$ 且 $u_{\mathrm{ACDE}}^{C} > u_{\mathrm{ABC}}^{C}$（或 $u_{\mathrm{ACDE}}^{A} < u_{\mathrm{ABC}}^{A}$ 且 $u_{\mathrm{ACDE}}^{C} < u_{\mathrm{ABC}}^{C}$）时，有

$$\begin{aligned}
W_{\mathrm{s}} &= K\int_{S_{\mathrm{p}}} |\Delta u| \mathrm{d}S_{\mathrm{p}} \\
&= 2\pi K\left|\int_{r_i}^{r_{i+1}}\left[\frac{r_i u_{i,j}}{r_{i+1}+r_i}\left(1+\frac{r_{i+1}}{r}\right)+\frac{(\omega_{i,j}-\omega_{i,j-1})r}{2(z_j-z_{j-1})}-\left(u_{i,j-1}r_i+\frac{1}{2}\frac{\omega_{i,j}-\omega_{i,j-1}}{z_i-z_{j-1}}r_i^2\right)\frac{1}{r}\right]r\mathrm{d}r\right| \\
&= 2\pi K\left|\frac{1}{2}r_i u_{i,j}(r_{i+1}-r_i)+\frac{r_i r_{i+1}u_{i,j}}{r_{i+1}+r_i}(r_{i+1}-r_i)+\frac{1}{6}\frac{\omega_{i,j}-\omega_{i,j-1}}{z_j-z_{j-1}}(r_{i+1}^3-r_i^3)-\right. \\
&\quad \left. u_{i,j-1}r_i(r_{i+1}-r_i)-\frac{1}{2}\frac{\omega_{i,j}-\omega_{i,j-1}}{z_j-z_{j-1}}r_i^2(r_{i+1}-r_i)\right|
\end{aligned} \tag{6-37}$$

若 $u_{\mathrm{ACDE}}^{A} > u_{\mathrm{ABC}}^{A}$ 且 $u_{\mathrm{ACDE}}^{C} < u_{\mathrm{ABC}}^{C}$（或 $u_{\mathrm{ACDE}}^{A} < u_{\mathrm{ABC}}^{A}$ 且 $u_{\mathrm{ACDE}}^{C} > u_{\mathrm{ABC}}^{C}$），则两端的速度是异向不等关系。$\overline{AC}$ 边界上存在一点 r_0 使 $u_{\mathrm{ACDE}}^{r_0} = u_{\mathrm{ABC}}^{r_0}$，这时

$$W_{\mathrm{s}} = 2\pi K\left[\left|\int_{r_i}^{r_0}|u_{\mathrm{ABC}}-u_{\mathrm{ACDE}}|r\mathrm{d}r\right|+\left|\int_{r_0}^{r_{i+1}}|u_{\mathrm{ABC}}-u_{\mathrm{ACDE}}|r\mathrm{d}r\right|\right] \tag{6-38}$$

6.2.5.3　三角形单元圆环与工具接触表面之间的摩擦功率

如图 6-14 所示，沿 $\overline{BC}$ 边界上损耗的功率，即：

$$W_{\mathrm{f}} = mK\int_{S_{\mathrm{f}}}|\Delta v|\mathrm{d}S_{\mathrm{f}}$$

式中　S_{f} ——以 $\overline{BC}$ 为母线的旋转锥面。

因为

$$\mathrm{d}S_{\mathrm{f}} \approx r\mathrm{d}\theta\mathrm{d}L_{BC} \approx r\mathrm{d}\theta\frac{\mathrm{d}r}{\cos\phi}$$

所以

$$W_{\mathrm{f}} = \frac{mK}{\cos\phi}\int_0^{2\pi}\mathrm{d}\theta\int_{r_i}^{r_{i+1}}|\Delta v|r\mathrm{d}r = \frac{2\pi mK}{\cos\phi}\int_{r_i}^{r_{i+1}}|\Delta v|r\mathrm{d}r \tag{6-39}$$

式中　Δv ——单元相对于工具表面的切向速度差值，且

$$\begin{aligned}
\Delta v &= \omega_{i,j+1}\sin\phi-(\omega\sin\phi+u\cos\phi) \\
&= \cos\phi(\omega_{i,j+1}\tan\phi-\omega\tan\phi-u)
\end{aligned}$$

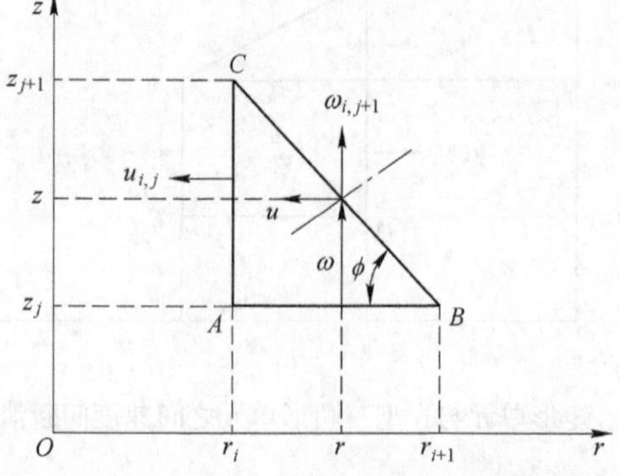

图 6-14　三角形单元与工具接触表面之间的摩擦功率

由于斜边 $\overline{BC}$ 上单元内部速度场与工具表面的法向速度分量必须相等，则：

$$\omega_{i,\ j+1}\cos\phi = \omega\cos\phi - u\sin\phi$$

代入上式，得：

$$\Delta v = -u\cos\phi(1 + \tan^2\phi)$$

将式（6-25）代入上式，得：

$$\Delta v = -\frac{r_i u_{i,\ j}}{r_{i+1} + r_i}\left(1 + \frac{r_{i+1}}{r}\right)\cos\phi(1 + \tan^2\phi)$$

再将上式代入（6-39），得：

$$\begin{aligned} W_{\mathrm{f}} &= \frac{2\pi mK}{\cos\phi}\int_{r_i}^{r_{i+1}} |\Delta v| r\mathrm{d}r \\ &= 2\pi mK(1 + \tan^2\phi)\left|\frac{r_i u_{i,\ j}}{r_{i+1} + r_i}\right|\int_{r_i}^{r_{i+1}}\left(1 + \frac{r_{i+1}}{r}\right)r\mathrm{d}r \\ &= \pi mK(1 + \tan^2\phi)\frac{r_i}{r_{i+1} + r_i}|u_{i,\ j}|(r_{i+1} - r_i)(r_i + 3r_{i+1}) \end{aligned} \tag{6-40}$$

6.2.6 总上限功率的优化

根据本节的分析知道，不论怎样构造上限单元，最后都要把单元的塑性变形功（率）、单元之间在相邻边界上的速度间断功（率）和单元与工具接触边界上的摩擦功（率）表达成单元边界几何位置参数和法向速度参数的函数。也就是说，只要给出单元的边界位置坐标和边界法向速度分量，就能套用有关方程，不但可以求出该单元内任意一点的速度，而且可以求出该单元的各项上限功（率）分量。当全部单元的上限功（率）分量求出后，变形体总的上限功（率）就得到了，接下来利用虚功原理不难求出成形外力。

但是，在把变形体划分成上限单元时，一般来说，各个单元的几何位置可以随之确定。而各个单元的边界法向速度却并非都能已知，这样在求解变形体总上限功（率）的过程中，就包含了若干未知待定的单元边界速度参数。因此，要针对这些参数进行优化计算，而上限元速度场的优化，就是求以上限单元边界法向速度分量为优化变量的总上限功（率）的一个泛函，求出泛函的驻值或最小值，也就是总上限功（率）的最小值，根据上限定理，按照最小总上限功（率）求出的成形力就最接近真实外力。

6.3 钢管张力减径过程的上限元分析

6.3.1 单元划分及计算程序

根据矩形单元与三角形单元上限功率的计算公式，就可以对钢管张力减径过程中的塑性成形问题进行工艺分析，研究其力能计算、变形规律以及确定其合理的有关参数。因为轧件具有轴对称形状，故只分析其 1/2 部分。

按照变形体的几何边界条件，将变形体划分为三个单元，如图 6-15 所示。

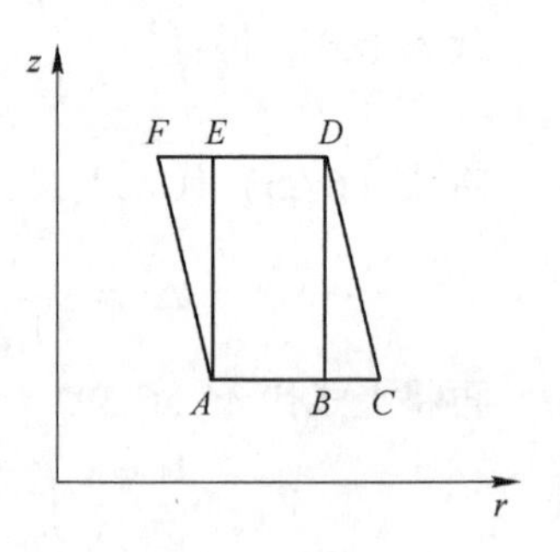

图 6-15　轧件单元划分

各个单元的速度边界条件（即边界法向速度）如图 6-16 所示。

单元边界条件模型的速度计算是以工件的体积不变条件和上模的单位速度为唯一的依据。但当某些边界速度并不是唯一的速度时，计算机求解的速度场模型就不能完全确定。未经确定边界速度的确切数目 N，由总边界数 m（包括外部边界和内部边界）、已知边界速度数 L 和单元数 n 来决定，即：

$$N = m - (L + n) \tag{6-41}$$

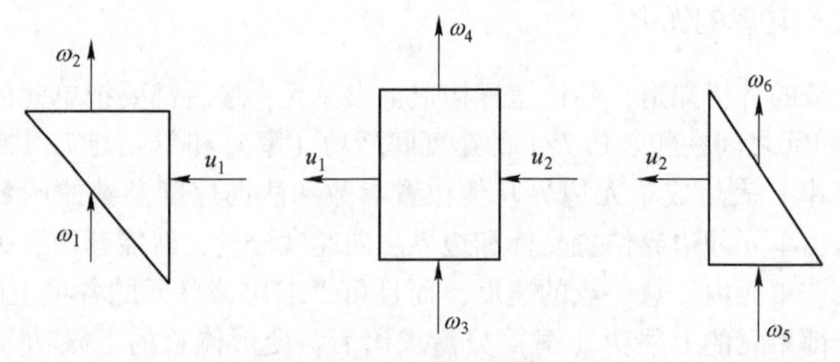

图 6-16　单元边界速度条件

对这些任意边界必须进行速度场优化，从而得到变形功率为最小的上限值。在钢管张力减径的上限元分析中，总的边界数目 $m=8$，其中已知边界速度 $L=4$，单元数 $n=3$，故变形体速度场的自由度 $N=8-(4+3)=1$。就是说在上述四个未知的边界速度中，必须选择一个作为规定变量并赋值，才能求出其余四个边界速度，从而确定整个变形体的速度场。现选择 u_1 作为规定变量。

根据体积不变可得出式（6-42）~式（6-44）：

$$\omega_1 = \omega_2 + \frac{2r_2u_1(z_2 - z_1)}{r_2^2 - r_1^2} \tag{6-42}$$

$$u_2 = -\frac{(r_3^2 - r_2^2)(\omega_4 - \omega_3)}{2r_3(z_2 - z_1)} + \frac{r_2}{r_3}u_1 \tag{6-43}$$

$$\omega_6 = -\frac{(r_3^2 - r_2^2)(\omega_4 - \omega_3)}{r_4^2 - r_3^2} + \frac{2r_2(z_2 - z_1)}{r_4^2 - r_3^2}u_1 + \omega_5 \tag{6-44}$$

计算上限载荷的计算机程序框图如图 6-17 所示。

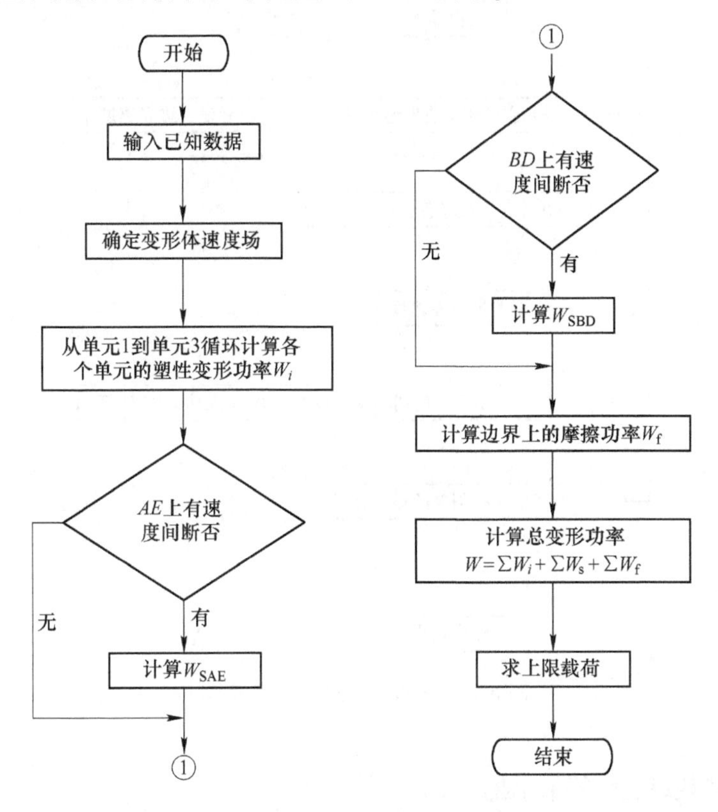

图 6-17 上限载荷计算机框图

计算机程序用 VB6.0 编写，输出数据有以下几项：

(1) 全部单元边界的法向速度；

(2) 各个单元的内部塑性变形功率 W_i；

(3) 各边界的速度间断所消耗功率 W_s；

(4) 工具表面的摩擦功率 W_f；

(5) 总上限载荷。

6.3.2 速度场优化

采用上限元法要产生许多个任意的速度参数，而这种方法必须允许在分析求解的问题时，已经确定了少数参数。显然，这一问题的重要性不仅在于选择最高效率的优化方法，而且也在于选择为了进行优化所需要的适当起点，它能给出绝对最小值而不是局部最小值。

速度场优化的计算机程序框图如图 6-18 所示。

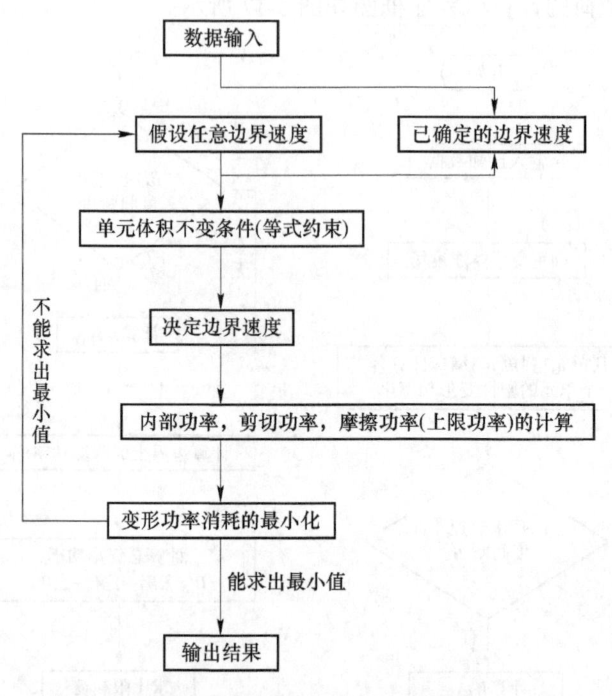

图 6-18　速度场优化计算机框图

6.3.3　总能耗率泛函的最小化

变分原理应求泛函的驻值或最小值，显然最小值也必须是驻值，而广义变分原理所要求的驻值是否一定为最小值，目前尚未见到严格的数学证明。假设完全相同的变形条件，分别按照马可夫原理和不完全广义变分原理求解。由于解的唯一性可知，两种方法得出的速度场完全一致，且因为真实解一定满足不可压缩条件，体积变形速度为零。所以这两个原理所对应的泛函在数值上也应该完全一致。

因为体积变形功率是非负的，故在真实解附近领域内，所得到的驻值不会是极大值和鞍点值，只能是极小值，如图 6-19 所示。

按照数学上多元函数求极值的方法，求总泛函 ϕ 对 m 个未知速度分量 v_i 的偏导数，并置零，即：

$$\left\{\frac{\partial \phi}{\partial v_i}\right\} = \{0\}\ (i = 1,\ 2,\ \cdots,\ m) \tag{6-45}$$

由式（6-45）可得到 m 个与 v_i 有关的非线性方程，从中可以解出 m 个未知数（v_1，…，v_m）。

把未知数序列（v_1，…，v_m）记为矢量 $\boldsymbol{v}$，以 $\boldsymbol{v}_k$ 表示第 k 个迭代步中得出的近

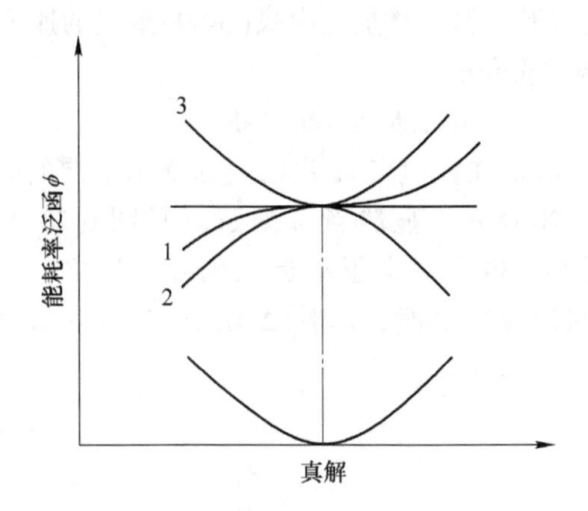

图 6-19 泛函驻值示意图

1—驻值为鞍点；2—驻值为极大值；3—驻值为极小值

似解，将泛函 $\phi = f(\boldsymbol{v})$ 在 $\boldsymbol{v} = \boldsymbol{v}_k$ 的邻域内按 Taylor 级数展开并取前三项：

$$\phi = f(\boldsymbol{v}) \approx Q(\boldsymbol{v}) = f(\boldsymbol{v}_k) + \nabla f(\boldsymbol{v}_k)(\boldsymbol{v} - \boldsymbol{v}_k) + \frac{1}{2}(\boldsymbol{v} - \boldsymbol{v}_k)^{\mathrm{T}} \nabla^2 f(\boldsymbol{v}_k)(\boldsymbol{v} - \boldsymbol{v}_k) \tag{6-46}$$

其中

$$\boldsymbol{v} - \boldsymbol{v}_k = \Delta \boldsymbol{v}_k \tag{6-47}$$

称为速度修正量，∇f 是 $f(\boldsymbol{v})$ 的梯度，$\nabla^2 \boldsymbol{f}$ 是 $f(\boldsymbol{v})$ 的 Hessian 矩阵，且：

$$\nabla f = f'(\boldsymbol{v}) = \left\{\frac{\partial \phi}{\partial v_i}\right\} \tag{6-48}$$

$$\nabla^2 f = f''(\boldsymbol{v}) = \left\{\frac{\partial^2 \phi}{\partial v_i \partial v_j}\right\} \tag{6-49}$$

$Q(\boldsymbol{v})$ 是 $\Delta \boldsymbol{v}_k$ 的二次函数，它的极值可由将其一阶偏导数置零所得的线性方程组中得出，即：

$$\nabla Q(\boldsymbol{v}) = \nabla^2 f(\boldsymbol{v}_k) \nabla \boldsymbol{v}_k + \nabla f(\boldsymbol{v}_k) = \mathbf{0}$$

或

$$\nabla^2 f(\boldsymbol{v}_k) \Delta \boldsymbol{v}_k = - \nabla f(\boldsymbol{v}_k) \tag{6-50}$$

由式（6-50）解出的 $\Delta \boldsymbol{v}_k$ 可使 $Q(\boldsymbol{v})$ 达到极值，泛函 ϕ 接近其极值。由式（6-47），取 $k+1$ 代入式中：

$$\boldsymbol{v}_{k+1} = \boldsymbol{v}_k + \Delta \boldsymbol{v}_k \tag{6-51}$$

新的速度场 $\boldsymbol{v}_{k+1}$ 将更加接近真实解，直到经过 n 个迭代步之后满足收敛条件，$\Delta \boldsymbol{v} \rightarrow \mathbf{0}$，此时 $\boldsymbol{v}_n$ 即为最终解。这就是 Newton 法的求解过程。

6.3.4 收敛判定

严格来说，上限法得到的只能是满足某种精度要求的近似解。对一个收敛的计算过程来说，随着迭代次数的增加，由式(6-50)解出的速度修正量 $\Delta \boldsymbol{v}_k$ 将趋于零，且总能耗率泛函的改变量

$$\Delta\phi_k = |\phi_k - \phi_{k-1}| \tag{6-52}$$

也将趋于零，但当泛函 ϕ 在极值点 m 领域内的峰态不同的时候，$\Delta \boldsymbol{v}_k$ 与 $\Delta\phi_k$ 的变化率不同，如图 6-20 所示。显然当 m 附近［见图 6-20（a）］ϕ 的梯度较大时，即使 $\Delta \boldsymbol{v}$ 已经很小，也不一定很接近极值点。反之，当 m 点附近［见图 6-20（b）］曲面形状比较平缓时，即使 $\Delta\phi$ 已经很小，$\Delta \boldsymbol{v}$ 也不一定能很接近真解。

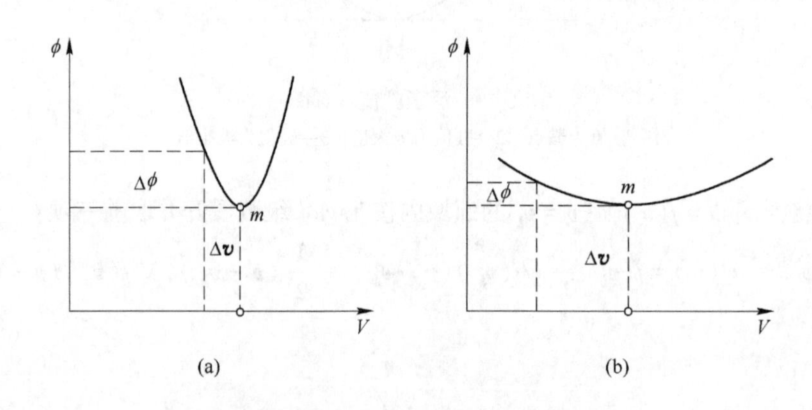

图 6-20　极值点的收敛判定

因此，在计算中通常取以下两个收敛判据：

$$\frac{\Delta\phi_k}{\phi_k} < \varepsilon_\phi \tag{6-53}$$

$$\frac{\|\Delta \boldsymbol{v}_k\|}{\|\boldsymbol{v}_k\|} < \varepsilon_u \tag{6-54}$$

这里 ε_ϕ、ε_u 为预先给定的小正数，$\|\Delta \boldsymbol{v}_k\|$、$\|\boldsymbol{v}_k\|$ 分别表示 $\Delta \boldsymbol{v}_k$ 和 $\boldsymbol{v}_k$ 的欧氏范数，且

$$\|\Delta \boldsymbol{v}_k\| = \left(\sum_{i=1}^{n} \Delta v_i^2\right)^{\frac{1}{2}} \tag{6-55}$$

$$\|\boldsymbol{v}_k\| = \left(\sum_{i=1}^{n} v_i^2\right)^{\frac{1}{2}} \tag{6-56}$$

这样，当迭代过程同时满足式(6-53)和式(6-54)时，可以保证求得的速度场和总泛函都能达到所要求的精度。

6.4 张力减径计算机仿真系统简介

6.4.1 软件开发环境

Microsoft Windows 软件的出现，为 PC 用户提供了一个直观的、图形丰富的工作环境。图形用户界面（GUI）使应用程序更易于学习和使用，用户只要简单地用鼠标按钮点按“菜单”中的命令就可以执行指定的操作，而不必键入复杂的命令。屏幕上的多窗口可以使用户同时平行运行多个程序，并可通过对话框输入所需要的信息或让用户作出选择。

Visual Basic 编程系统用一种十分巧妙的方法将 Windows 编程的复杂性“封装”起来，它综合运用了 BASIC 语言和新的可视设计工具，提供了编程的简易性。Visual Basic 通过图形对象（包括窗体、控件、菜单等）来设计应用程序。

Visual Basic 是首批采用事件驱动编程机制的计算机语言之一。事件驱动是一种适用于图形用户界面（GUI）的编程方式，传统的编程是面向过程、按规定顺序进行的。而用事件驱动方式设计程序时，程序员不必给出按精确次序执行的每个步骤，只是编写响应用户动作的程序，例如选择命令、移动鼠标、用鼠标单击某个图标等。用 Visual Basic 设计应用程序时，要编写的不是大量的程序代码，而是由若干个微小程序组成的应用程序，这些程序都由用户启动的事件激发，从而提高程序开发效率。

6.4.1.1 Visual Basic 主要功能特点

Visual Basic 是一种可视化的，面向对象和采用事件驱动方式的结构化高级程序设计语言，可用于开发 Windows 环境下的各类应用程序。

VB 的主要功能特点如下：

（1）具有面向对象的可视化设计工具。在 VB 中，应用面向对象的程序设计方法（OOP），把程序和数据封装起来视为一个对象，每个对象都是可视的，程序员在设计时只需用现有工具根据界面设计的要求，直接在屏幕上“画”出窗口、菜单、按钮、滚动条等不同类型的对象，并为每个对象设置属性。程序员的编程工作仅为编写针对对象要完成那些功能的程序。

（2）事件驱动的编程机制。事件驱动是非常适合图形用户界面的编程方式，每个事件都能驱动一段程序的运行。程序员只要编写响应用户动作的代码，各个动作之间不一定有联系。

（3）提供了易学易用的应用程序集成开发环境。在 VB 集成开发环境中，用户可设计界面、编写代码、调试程序，直接把应用程序编译成可执行文件，在 Windows 中运行，使用户在友好的开发环境中工作。

（4）结构化的程序设计语言。VB 具有丰富的数据类型，众多的内部函数和结构化程序结构，而且简单易学。

（5）支持多种数据库系统的访问。利用数据控件或 ODBC 能够访问的数据库系统有 Microsoft Access、Btrieve、dBASE、Microsoft FoxPro 和 Paradox 等，也可访问 Microsoft Excel、Ltus1-2-3 等多种电子表格。

（6）OLE 技术。VB 的核心就是其对对象的链接与嵌入（OLE）的支持，利用 OLE，VB 能够开发集成声音、图像、动画、字处理、Web 等对象于一体的应用程序。

（7）Active 技术。Active 技术发展了原有的 OLE 技术，它使开发人员摆脱了特定语言的束缚，可方便地使用标准的 Active 部件，调用标准的接口，实现特定的功能。

（8）完备的 Help 联机帮助功能。与 Windows 环境下的软件一样，在 VB 中，利用帮助菜单和 F_1功能键，用户可随时方便地得到所需的帮助信息，VB 帮助窗口中显示了有关的示例代码，通过复制、粘贴操作可获得大量的示例代码，为用户的学习和使用提供了捷径。

6.4.1.2　VB6.0 新功能特点

与以前的版本相比，VB6.0 除了新增了一些控件、函数外，主要的改进是提供了功能强大的数据库和 Web 开发工具。

A　新增控件

VB6.0 新增了许多控件，如工具条控件 CoolBar、数据库控件 ADO Data、日历界面时间控件 DataTimePicker 和 MonthView、图形组合框控件 ImageCombo 等。

B　语言新功能

VB6.0 新增的语言功能包括：

（1）新增了较多的字符串函数，如筛选函数 Filter、连接函数 Join、反向查找函数 InstrRev、分隔函数 Split、替换函数 Replace 等，还有日期等其他函数。

（2）函数可以返回数组，动态数组可以赋值。

（3）增加了文件系统对象，能全面地实现驱动器、子目录和文件的管理。

C　数据库功能的增强

新增了功能强大，使用方便的 ADO（Active Database Object）技术。ADO 是微软制订的应用程序级数据访问接口，支持所有 OLD DB 数据库厂商。ADO 包括了现有的 ODBC，而且占用内存少，访问速度更快，同时提供的 ADO 控件，不但可以用最少的代码创建数据库应用程序，也可以取代 Data 和 ADO 控件。

D　增强网络功能

VB6.0 最重要的新特性之一，是提供了 DHTML（Dynamic HTML）设计工具。这种技术可以使 Web 页面设计者动态地创建和编辑页面，使用户在 VB 中开发多功能的网络应用软件。

E　新增了多个应用程序向导

VB 新增的应用程序向导可以自动创建不同类型、不同功能的应用程序。有数据向导、数据窗体向导、IIS 应用程序和 DHTML 等，同时对已有的向导增强了功能。

6.4.2　张力减径计算机仿真系统功能及基本参数

6.4.2.1　系统功能

张力减径计算机仿真的系统功能包括：

（1）自动分配张力系数和选定机架数。根据给定的荒管尺寸和成品管尺寸，能自动选定孔型系列，进行减径率分配，选定所需机架数，并按规律进行张力系数分配。

（2）进行孔型优化设计。根据 S/D 值，确定采用哪一种孔型系列进行设计，除求得孔型所有尺寸和有关系数外，还给出加工该孔型所需要刀具的尺寸和安装位置。

（3）速度场的优化。根据轧件的体积不变条件和速度边界条件，对单元的任意边界进行速度场优化，从而得到变形功率为最小的上限值。

（4）钢管尺寸计算。通过计算能给出每架的入口与出口钢管的外径与壁厚尺寸。

（5）制定张减轧制表。在求出上述各参数后，能给出该产品的详细轧制表。

（6）建立产品数据库。不管有多少产品，只要按规定条件输入后都可获得上述（1）~（5）的所有数据，可将其存放于指定数据库，供随时调用。

（7）孔型自动搭配。根据不同的成品管尺寸，能自动选定最佳的孔型搭配方案，并将该孔型系列的有关工艺参数、孔型参数提供给仿真用户。

（8）进行温降计算。根据进入第一架的入口温度，可逐架计算每一机架的入口和出口温度。

（9）变形抗力计算。对不同钢种，在不同变形温度、变形速度和变形量的条件下，都可由系统算出在每一机架中的瞬时抗力值。

（10）接触弧长和接触面积计算。可求出在各架中不同宽度的接触弧长和每一机架的接触面积。

(11) 应变计算。计算各机架轴向、径向、周向三个平均主应变值，根据该应变可算出各机架钢管的外径和壁厚值。

(12) 应力计算。根据应变，可算出每一机架中的三个主应力值，从而也可用此值计算轧制力。

(13) 轧制力参数计算。分别用不同方法计算每一机架的单位压力和总轧制力，求出最优解。

(14) 单元界法向速度计算。根据速度场的优化结果及体积不变条件，可以算出全部单元的法向速度。

(15) 单元内部塑性变形功率计算。根据所优化的动可容速度场，计算出单元内部塑性变形功率。

(16) 单元边界速度间断消耗功率计算。动可容速度场中，有速度间断面存在时，可计算出速度间断面消耗的功率。

(17) 工具表面摩擦功率计算。在金属塑性成形过程中，变形金属在速度面上滑动时，会遇到摩擦阻力，可计算出克服摩擦所消耗的摩擦功率。

6.4.2.2　软件的基本参数

本软件系统是以 ϕ180mm 张力减径机组作为原型，根据其产品大纲，把产品中占总量比例最大的产品 ϕ60.3~110.0mm 的锅炉管作为代表规格，划分孔型系列以及进行轧制力计算。

基本原始参数如下。

(1) 入口钢管的基本参数：

外径	ϕ164.0mm
壁厚	4.1~25.1mm
长度	10.5~27.5mm

(2) 最大入口速度：　1.4m/s

(3) 出口钢管基本参数：

最大外径	ϕ160.6mm
最小外径	ϕ60.6mm
最小壁厚	3.23mm
最大壁厚	25.25mm

(4) 最大出口速度：　4.0m/s

(5) 每小时产品最多根数：　120 根/小时

(6) 轧辊名义直径：　ϕ360mm

(7) 相邻轧辊间距　330mm

(8) 电机驱动方式：

1）1~12 号机架集体传动。

用于动力线的 1 个直流电机：700kW 500/1350r/min

用于调整线的 1 个直流电机：750kW 700/1600r/min

2）13~24 号机架单独传动。

12 个直流电机： 145kW 700/1600r/min

6.4.3 软件组成与结构

6.4.3.1 软件组成

在开发软件过程中，将张减仿真系统做成两大系统，即轧制表制定系统和张力减径轧制力计算系统，如图 6-21 所示。

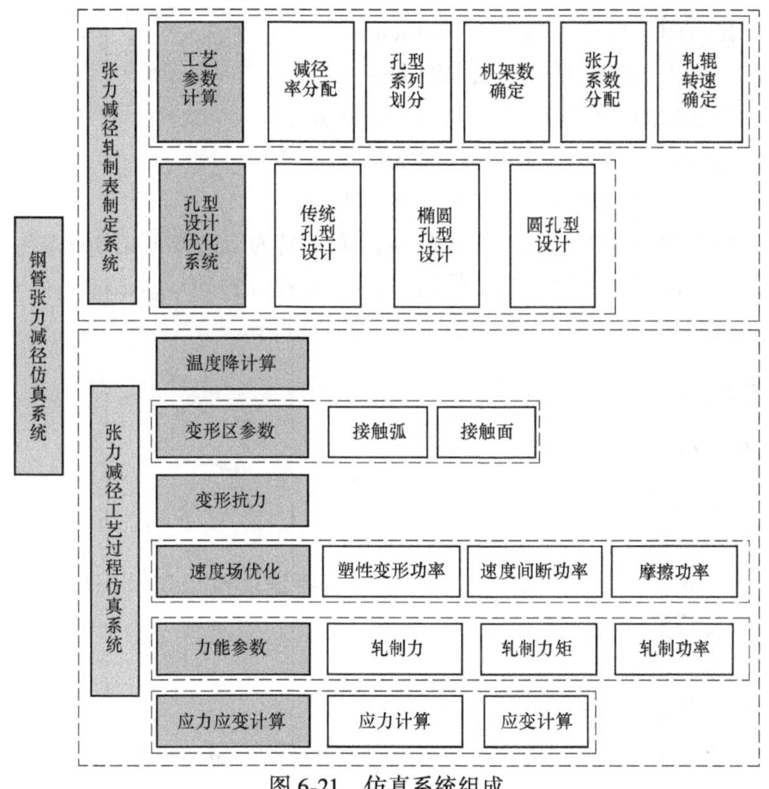

图 6-21 仿真系统组成

6.4.3.2 软件基本内容

A 窗体名称

窗体名称包括：

（1）仿真主界面，英文名为 FrmSrmMenuMain；
（2）张减轧制力父窗体，英文名为 MDIForm1；
（3）孔型图，英文名为 FrmKongxingtu；
（4）传统孔型设计，英文名为 FrmChuantkxsj；
（5）椭圆孔型设计，英文名为 FrmTuoykxsj；
（6）圆孔型设计，英文名为 FrmYuankxsj；
（7）显示数据窗体，英文名为 FrmShuJuXS；
（8）管材参数，英文名为 FrmMetalPara；
（9）变形抗力选择，英文名为 FrmKfSelect；
（10）孔型参数，英文名为 FrmPassParameter；
（11）张力设定，英文名为 FrmStretchConsumption；
（12）孔型图，英文名为 FrmPassPicture；
（13）轧制表，英文名为 FrmRollTable；
（14）塑性功曲线窗体，英文名为 FrmSxgqx；
（15）速度间断功曲线窗体，英文名为 FrmSdjdgqx；
（16）摩擦功曲线窗体，英文名为 FrmMcgqx；
（17）单位面积速度间断功曲线窗体，英文名为 FrmDwmjsdjdgqx；
（18）单位体积塑性变形功曲线窗体，英文名为 FrmDwtjsxbxgqx；
（19）张减轧制力窗体，英文名为 FrmZhaZhiliqx。

B 模块名称

模块名称包括：
（1）初始化模块 Module1；
（2）计算接触弧长模块 Module2；
（3）中性角、中性面处的轧辊半径、轧件半厚度模块 Module3；
（4）速度模块 Module4；
（5）温度计算模块 Module5；
（6）变形抗力计算模块 Module6；
（7）矩形单元塑性变形功率及一、二阶导数模块 Module5；
（8）三角形单元（一）塑性变形功率及导数模块 Module6；
（9）三角形单元（二）塑性变形功率及导数模块 Module7；
（10）矩形三角形单元（一）速度间断功率及导数模块 Module8；
（11）矩形三角形单元（二）速度间断功率及导数模块 Module9；
（12）矩形三角形单元（三）速度间断功率及导数模块 Module10；
（13）矩形三角形单元（四）速度间断功率及导数模块 Module11；

(14) 摩擦功率及导数模块 Module12;
(15) 速度优化模块 Module13;
(16) 速度间断面面积模块 Module14;
(17) 体积模块 Module15;
(18) 力参数计算模块，Module7;
(19) 孔型设计模块 Module16。

6.5 实例分析

6.5.1 仿真界面概述

运行仿真系统时，进入封面窗体，然后单击任一键进入到张减轧制力父窗体，该窗体采用 Windows 应用程序的典型结构——多重文档界面，即在一个包容式窗体中出现多个窗体，而且可以同时显示多个文件（文档），每个文件都在自己的窗口内显示。

系统的主菜单及各下拉式菜单的设置都属于 Windows 风格，快捷键的设置也与其他 Windows 应用程序相同，如图 6-22 所示。

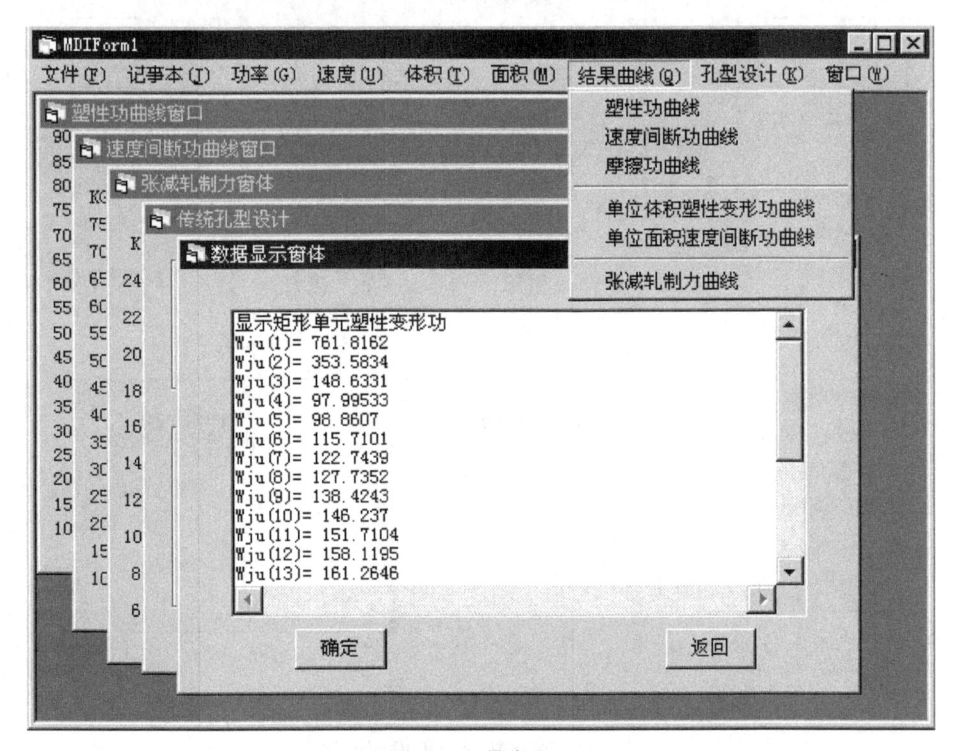

图 6-22 仿真界面

6.5.2　数据的输入

仿真系统中数据的输入分两种情况：

一种是直接由窗体输入。这类数据的格式在程序设计时由程序代码限定，即由系统给定。对于文本框中的数据类型，统一由 Format 限定格式，由文本框旁边的 Updown 按钮实现数据的输入，而对于单选框，与其他 Windows 应用程序一样，单击其选项即可。选好参数以后，单击“确定”即确认输入有效，单击“取消”则输入无效。

另一种数据的输入是由数据库来完成。由于程序中需要大量的数据，因此用数据库来存储管理数据将具有更高的效率。在程序的运行过程中，用户只需选定产品，程序就可根据选定的产品读取相应的数据库，从而对不同产品进行分析，最后输出不同的结果曲线，图 6-23 为张减轧制力主界面窗体，从该窗体中我们可以看到数据输入的第一种类型。

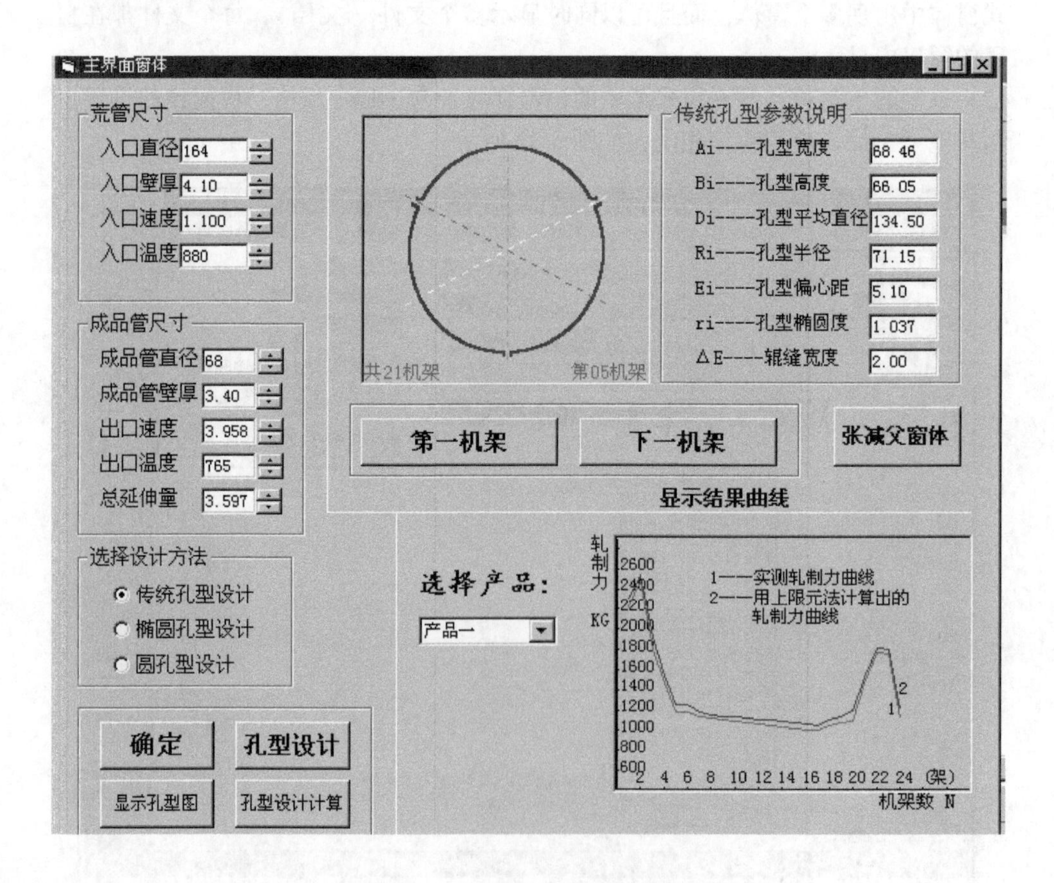

图 6-23　张减轧制力主界面窗体

6.5.3 仿真结果曲线的输出

6.5.3.1 仿真结果曲线的输出

设定好各种参数后，可进行孔型设计，待孔型设计完成以后，可进行张力减径轧制力的计算。计算结果曲线的输出，可通过单击图片框，使用弹出式菜单来显示，也可通过张减轧制力父窗体中的“结果曲线”下拉式菜单来显示。计算结果还可以由父窗体中不同的下拉式菜单通过显示数据窗体显示出来。下面以 ϕ 180MPM 机组为例，该机组采用混合传动三辊式（名义辊径 D_m 为 360mm）张减机，将外径为 ϕ 164mm 的母管减径为 ϕ 60.6mm 成品管，有关原始数据见表 6-1。

表 6-1 计算的原始数据

母管壁厚/mm	4.1	出口速度/$m \cdot s^{-1}$	3.958
入口速度/$m \cdot s^{-1}$	1.1	出口温度/℃	765
入口温度/℃	880	总延伸系数	3.598
成品管壁厚/mm	3.17	摩擦系数	0.02

下面将输出各种计算结果曲线。图 6-24 为产品—塑性功曲线，图 6-25 为产品—速度间断功曲线，图 6-26 为产品—摩擦功曲线，图 6-27 为产品—单位面积速度间断功曲线，图 6-28 为产品—单位体积塑性变形功曲线，图 6-29 为产品—轧制力曲线。

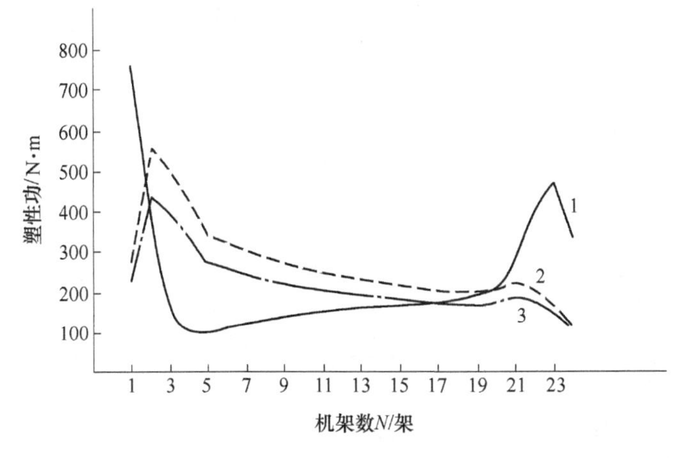

图 6-24 产品—塑性功曲线

1—矩形单元塑性变形功；2—Ⅰ型三角形单元塑性变形功；3—Ⅱ型三角形单元塑性变形功

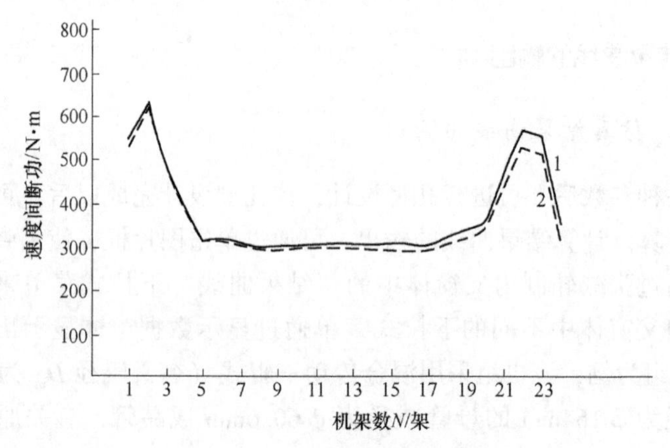

图 6-25　产品—速度间断功曲线

1—矩形与Ⅰ型三角形单元之间速度间断功；2—矩形与Ⅱ型三角形单元之间速度间断功

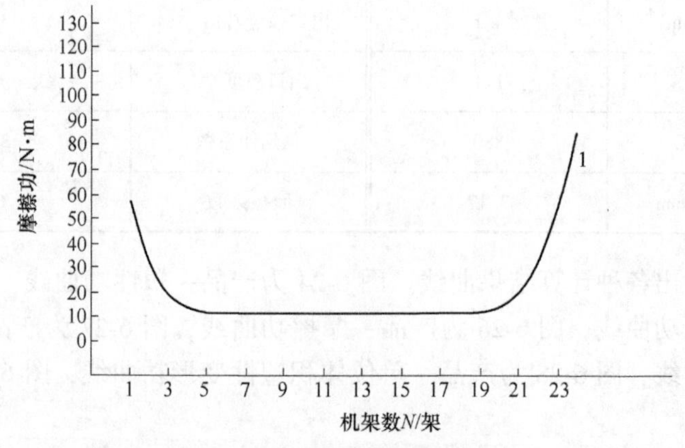

图 6-26　产品—摩擦功曲线

1—三角形单元与工具之间的摩擦功

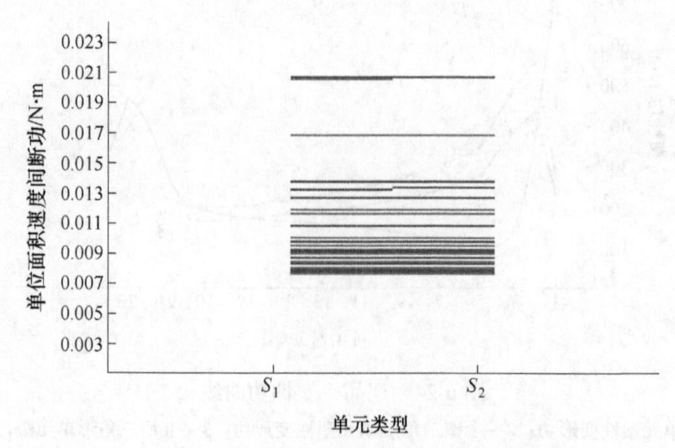

图 6-27　产品—单位面积速度间断功曲线

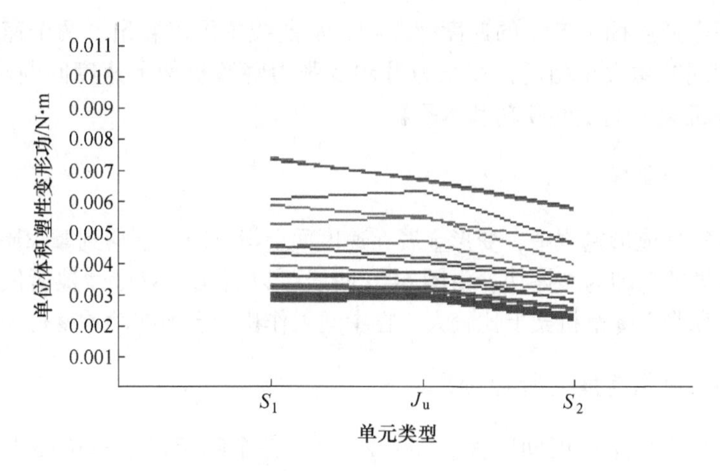

图 6-28 产品—单位体积塑性变形功曲线

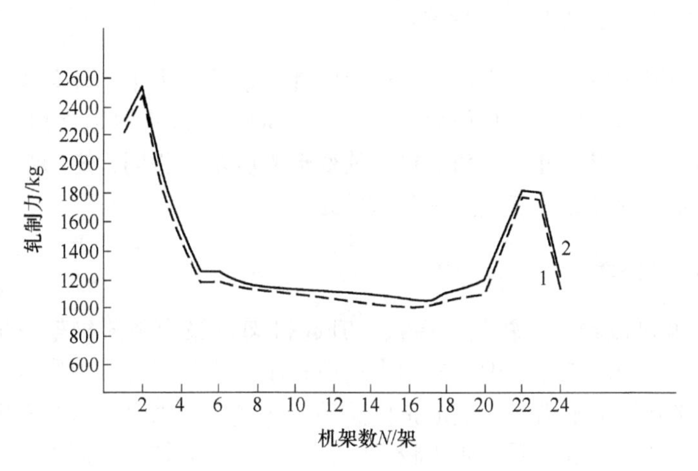

图 6-29 产品—轧制力曲线

1—某厂提供轧制力的曲线；2—用上限元法计算出的轧制力曲线

6.5.3.2 结果分析

A 塑性功曲线

轧件在变形区发生塑性变形时产生塑性变形功。图 6-24 中的曲线分别代表矩形单元及三角形单元的塑性变形功（率）。

B 速度间断功曲线

在动可容速度场中具有速度间断面存在时，将产生速度间断功。图 6-25 中曲线代表两个速度面上产生的速度间断功，从曲线中可以看出，两个速度间断面产生的速度间断功大小相近，在张力升起及张力降落机架上速度间断功有突变，在中间工作机架上速度间断功基本平稳。

C　摩擦功曲线

在金属塑性成形过程中，变形金属在速度面上滑动时，会遇到摩擦阻力，克服摩擦阻力所做的功即为摩擦功。由图 6-26 曲线可以看出，克服摩擦所做的功在张力升起机架和张力降落机架上比较大，在中间工作机架上摩擦功均变得较小。

D　单位面积速度间断功曲线

变形体中有两个速度间断面。图 6-27 中为各个间断面上单位面积的速度间断功率，由曲线可看出两个间断面的滑动程度基本相同。

E　单位体积塑性变形功曲线

轧件在变形区发生塑性变形时，产生塑性变形功，为了比较各单元的变形程度，采用单位体积塑性变形功作为比较参数。从图 6-28 中可以看出，矩形单元、Ⅰ型三角形单元，以及Ⅱ型三角形单元的变形程度基本相同，矩形单元及Ⅰ型三角形单元的变形程度略大于Ⅱ型三角形单元。

F　轧制力曲线

由图 6-29 可以看出，轧制力在张力升起机架与张力降落机架取值较大，并有突变发生，在中间工作机架上轧制力的值较小。这是因为张力影响系数对平均单位压力的影响极为显著，它们成正比关系，而张力较大时，张力影响系数则较小。另外，从应力方面来看，张力较大时，轴向拉应力较大，而轴向拉应力为较大的主应力时，轧辊对金属的轧制压力减小，即轧制力变小。

6.5.4　孔型图的输出

6.5.4.1　参数输入

在张力减径轧制力父窗体中，激活“孔型设计”菜单，在其下拉式菜单中的“传统孔型设计”“椭圆孔型设计”“圆孔型设计”三种孔型设计方法中任选一种孔型设计方式，设置对应的孔型设计参数，即可进行孔型优化设计计算，然后可输出对应的孔型图。

6.5.4.2　孔型图的输出

下面以某厂 ϕ180MPM 机组为例，该机组采用混合传动三辊式（名义辊径

D_m 为 360mm）张减机，将外径为 ϕ 164mm，壁厚为 4.1mm 的母管减径为外径为 ϕ 80mm，壁厚为 3.4mm 的成品管时，采用传统孔型设计方法所设计的孔型。图 6-30 为第八机架的孔型图。

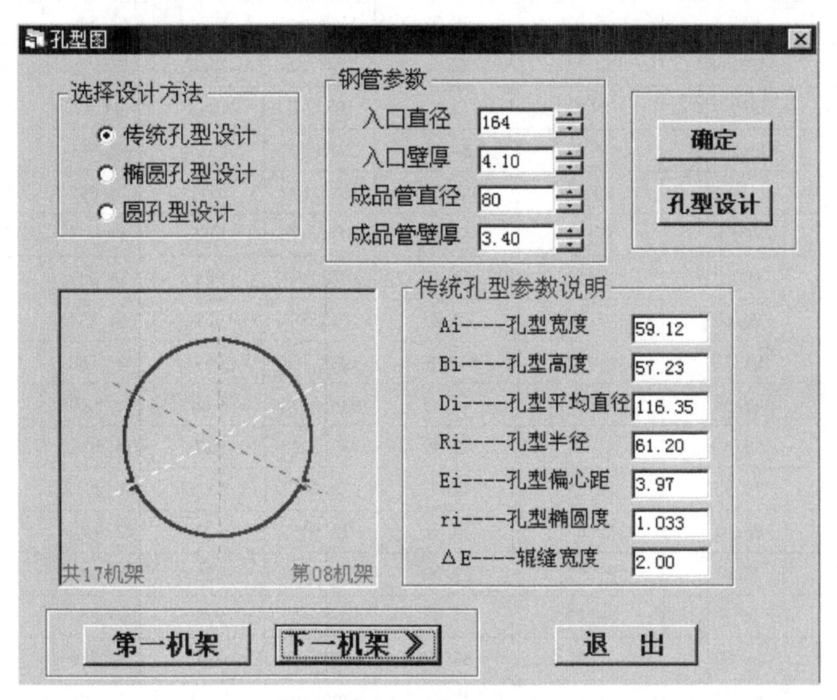

图 6-30 孔型图的输出

6.5.5 轧制力的计算结果精度分析

采用上限元法计算张减过程中的轧制力，计算结果及实测值见表 6-2。

由表 6-2 比较可知，理论计算值和实测值比较接近，相对误差不超过 10%，符合生产上的基本要求，因此可以得出结论，采用上限元法来分析轧制问题，满足工程上的安全要求，在指导工艺实践应用上，具有重要意义。

表 6-2 孔型参数、计算值及实测值

机架号	平均孔型直径/mm	孔型短半轴/mm	孔型长半轴/mm	轧制压力/kg		误差	
				计算值	实测值	绝对/kg	相对/%
1	161.39	79.69	81.7	2200.318	2125	75.318	3.54
2	155.4	76.38	79.02	2439.834	2382	57.834	2.43
3	148.39	72.87	75.52	1818.901	1707	111.901	6.56
4	141.2	69.35	71.85	1439.342	1366	73.342	5.37

续表6-2

机架号	平均孔型直径/mm	孔型短半轴/mm	孔型长半轴/mm	轧制压力/kg		误差	
				计算值	实测值	绝对/kg	相对/%
5	134.4	66.02	68.38	1148.544	1084	64.544	5.95
6	127.98	62.88	65.1	1148.55	1086	62.55	5.76
7	121.9	59.9	62	1087.42	1043	44.42	4.26
8	116.15	57.09	59.06	1047.741	1023	24.741	2.42
9	110.72	54.43	56.29	1035.692	1011	24.692	2.44
10	105.58	51.91	53.67	1034.473	997	37.473	3.76
11	100.7	49.52	51.18	1022.321	984	38.321	3.89
12	96.09	47.26	48.83	1013.284	969	44.284	4.57
13	91.72	45.12	46.6	1002.168	955	47.168	4.94
14	87.58	43.09	44.49	986.5178	941	45.5178	4.84
15	83.66	41.17	42.49	981.5063	927	54.5063	5.88
16	79.95	39.35	40.6	970.2012	914	56.2012	6.15
17	76.42	37.62	38.8	955.9168	903	52.9168	5.86
18	73.07	35.98	37.09	1001.344	956	45.344	4.74
19	69.9	34.42	35.48	1038.867	978	60.867	6.22
20	66.89	32.95	33.94	1092.886	994	98.886	9.95
21	64.11	31.63	32.48	1423.695	1372	51.695	3.77
22	62.15	30.87	31.28	1722.085	1670	52.085	3.12
23	61.02	30.43	30.57	1701.672	1653	48.672	2.94
24	60.6	30.3	30.3	1108.978	1024	84.978	8.30

参考文献

[1] 张小平，秦建平．轧制理论［M］．北京：冶金工业出版社，2006.

[2] 薛忠明．张力减径计算机仿真系统研究［D］．太原：太原重型机械学院，1999.

[3] 孙斌煜，张芳萍．张力减径技术［M］．北京：国防工业出版社，2012.

[4] 王祖唐，关廷栋，肖景容，等．金属塑性成形理论［M］．北京：机械工业出版社，1989.

[3] 周研．钢管微张力减径工艺参数研究及软件开发［D］．太原：太原科技大学，2008.

[4] 周伟鹏．无缝钢管张力减径过程工艺参数设计及数值模拟［D］．武汉：武汉科技大学，2015.

[5] Zhang F P，Sun B Y. Energy Method in Stretch Reducing Process of Steel Tube［J］. Journal of Iron and Steel Research，International，2008，15（6）：39-43.

[6] Zhang F P, Sun B Y. The Calculation of Initial Velocity Field in Tension Reducing Deformation Zone of Steel Pipe [J]. Advanced Materials Research, 2011, (145): 134-138.

[7] 张芳萍，孙斌煜，赵春江．用上限元法确定钢管张减过程的速度场 [J]. 太原科技大学学报，2009，29 (5): 386-389.

[8] 张芳萍．张力减径过程的理论分析 [D]. 太原：太原重型机械学院，2002.

[9] 何立起．Visual Basic for Windows 3. X 程序设计入门与提高 [M]. 北京：人民邮电出版社，1995.

[10] Richard M & Evangelos P. Visual Basic 4.0 编程大全 [M]. 北京：电子工业出版社，1997.

[11] Mike M & Ronald M. VB5 开发使用手册 [M]. 北京：机械工业出版社，西蒙与舒斯特国际出版公司，1997.

[12] Sun B Y, Yuan S J. Computer Simulation System of Stretch Reducing Mill (SRM) [J]. Acta Metallurgica Sinica. 2007. 20 (6): 457-462.

[13] Peter N H. Windows 95 Visual Basic 编程指导 [M]. 北京：清华大学出版社，1998.

[14] 张芳萍，孙斌煜．钢管张力减径过程的构架与初步实现 [J]. 重型机械，2004，(3): 28-30，40.

[15] 张芳萍，孙斌煜．用上限元法求解张减过程的轧制力 [J]. 太原重型机械学院学报，2002，23 (1): 22-26.

[16] 胡启国，刘博文，姜永正，等. 无缝钢管张减成形的高精度有限元模型及实验验证 [J]. 机械设计与制造，2019 (10): 42-45，49.

[17] 王超峰，胡斌斌，杜凤山. 宝钢无缝钢管张力减径有限元模拟与验证 [J]. 塑性工程学报，2018，25 (3): 297-301.

7　微张力减径数值模拟

刚塑性有限元方法是最近三十年发展起来的一种高效率的数值计算方法，它已经广泛应用到教学、科研以及工程实践中。刚塑性有限元忽略了塑变过程的弹性变形，而考虑了材料在塑性变形中的体积不变条件，能用来计算大变形问题。张力减径变形属于大变形范畴，所以可以应用有限元模拟张力减径过程，而且有限元仿真结束后可以直观查看模拟过程中的应力、应变、温度等场的变化。应用有限元仿真与张力减径实验相比，成本少，可以多次重复进行。在很多场合中，模拟结果与实验结果相差不大，因此模拟结果能够很好地指导实验。基于以上优点，越来越多的科研工作者选择应用有限元模拟。本章仿真模拟中所使用的软件为 DEFORM，它可以很好地模拟塑性加工的应力场、应变场和温度场等变量。

有限元仿真过程包括建立几何模型、建立有限元分析模型、定义工具和边界条件、求解和后处理等过程。本章以某厂 ϕ250MPM 微减径机组为例，对微张减过程进行数值模拟。

7.1　模型简化与假设

张力减径过程中存在材料非线性、边界接触非线性以及几何非线性等特点，轧制过程期间产生大位移、大变形。在利用数学模型描述材料的特性过程中，准确获取实验数据成了一个很大的问题。如今，随着电子技术的发展和有限元技术的应用，很多有限元软件可以模拟张力减径过程，在模拟结束后，可以很方便地查看应力场、应变场和温度场等场变量。

在进行数值计算之前，考虑到张力减径变形过程的复杂性，对钢管减径模型做 5 个必要的假设：

（1）将轧辊看做刚体，即不考虑轧辊在减径过程期间的变形。

（2）在整个减径过程中假设轧辊保持室温不变，荒管温度保持恒定。为了缩短计算时间，既忽略轧辊与轧件的热传递，也不考虑轧件与空气的热交换和热对流。

（3）轧辊与轧件之间的摩擦采用剪切摩擦定律。

（4）忽略轧辊的惯性。

（5）轧辊按固定转速转动。

7.1.1 基本模型建立

三辊张力减径机孔型是呈现120°对称分布的，奇数架和偶数架交错排列。由于三辊张力减径机的每个轧辊是对称分布的，可以取1/2轧辊曲面作为研究对象。把钢管的计算模型减少到整个截面的1/6。因此，可以建立60°圆弧（从孔型底部到轧辊辊缝间，设孔型底部为0°，辊缝为60°）的有限元计算模型。微张力减径机的有限元模型如图7-1所示。

注：忽略减径过程中轧辊发生的形变。

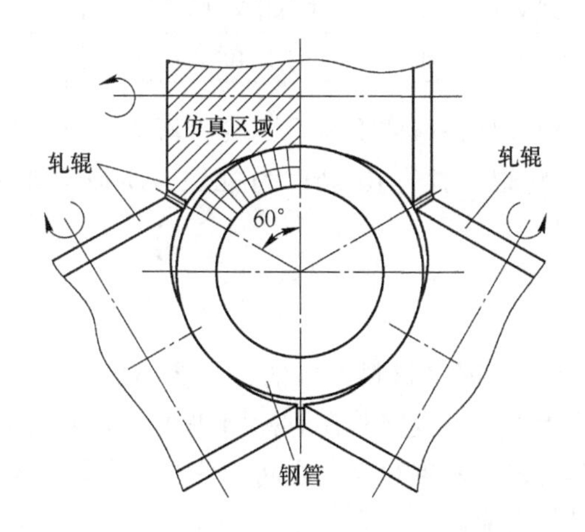

图7-1 微张力减径机有限元模型

尽管在DEFORM-3D中建模比较复杂。但是考虑到在三维计算机辅助软件（比如Solidworks）中建立模型，然后以中间格式IGS导入DEFORM中可能会使模型精度较低。因此决定在DEFORM中建立模型。下面以8机架微张力减径机组为例进行模拟，系统模型如图7-2所示。

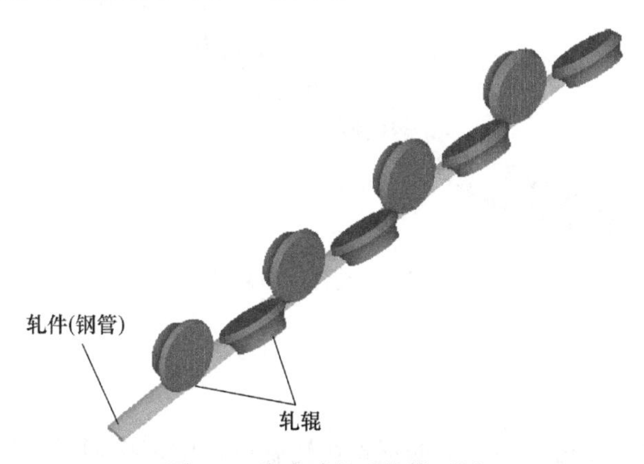

图7-2 张力减径系统模型图

7.1.2　定义轧件材料

首先定义轧辊和钢管的材料属性。材料属性见表 7-1。

表 7-1　材料属性

<table>
<tr><td>属性</td><td>材料模型</td><td>密度/kg · m⁻³</td><td colspan="2">弹性模量/Pa</td><td>泊松比</td></tr>
<tr><td>钢管</td><td>双线性</td><td>7.8×10⁻⁶</td><td colspan="2">2.1×10¹¹</td><td>0.3</td></tr>
<tr><td>轧辊</td><td>刚性</td><td>7.85×10⁻⁶</td><td colspan="2">2.1×10¹¹</td><td>0.3</td></tr>
<tr><td rowspan="2">钢管</td><td>屈服强度/Pa</td><td colspan="2">切线模量/Pa</td><td colspan="2">初速度/m · s⁻¹</td></tr>
<tr><td>3.55×10⁷</td><td colspan="2">3.5×10⁸</td><td colspan="2">1.3</td></tr>
</table>

根据导入的模型对零件进行依次编号，然后再选择材料的属性。1 号件是轧件实体，2~9 号件是轧辊实体，10 号件为推块，所以只需要定义 1 号的材料属性。

7.1.3　网格划分

选择的轧件材料为 20 钢（材料库中的代号为 AISI-1025）。由对称面上的节点速度来确定对称边界条件，设定其在对称面法线方向上的速度为 0。由于忽略轧辊和轧件之间的热传递、轧辊和空气之间的热对流和热交换。网格划分时需要保持材料号和实体号相对应。

本例中荒管尺寸为 ϕ164mm × 19.34mm，成品钢管尺寸为 ϕ134.32mm × 20.00mm，机架数为 8，轧辊理论直径为 360mm，机架间距为 330mm。

轧件网格模型如图 7-3 所示。有限元网格沿径向方向分为两层，周向方向划分 18 个单元，共 19 个数据点。

图 7-3　轧件网格划分

7.1.4　定义接触

将荒管创建为 1 号 Part；根据荒管在轧制过程中依次通过轧辊的顺序将轧辊

定义为 2~9 号 Part；最后将推块定义为 10 号 Part。创建完成后需要检查 Part 号和材料号要完全对应。钢管与轧辊之间的接触类型采用 ASTS 类型，定义接触如图 7-4 所示。

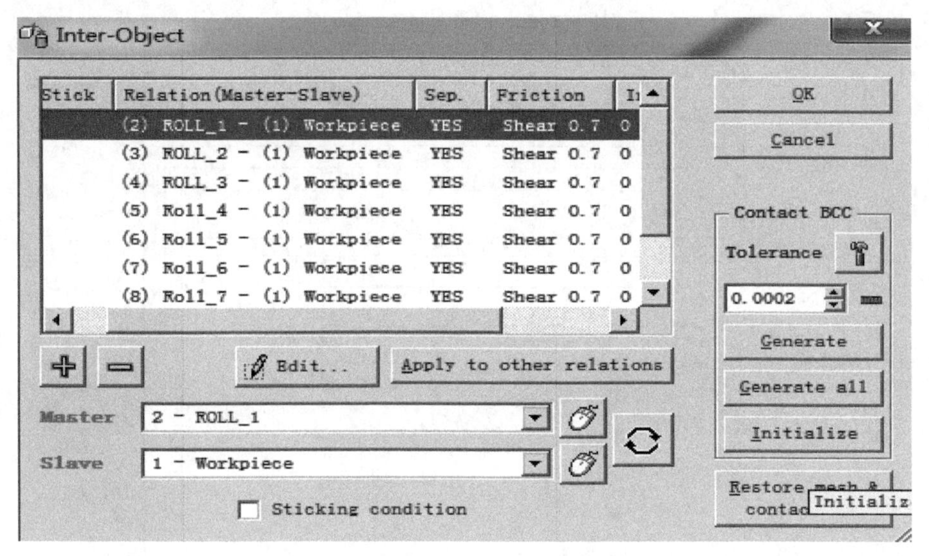

图 7-4 定义接触

7.1.5 接触摩擦

摩擦力的大小在现实中是很难准确求解的。摩擦力的大小与钢管本身的质量、轧制力、温度、相对滑动和接触表面的粗糙度等特性有关，想要求出真实条件下的轧制力几乎是不可能的。在 DEFORM 中有 2 种可供选用的摩擦模型，摩擦模型的选择如图 7-5 所示。

在本章微张力减径仿真模拟中，选用库伦摩擦条件。这种模型主要适用于由摩擦力充当主动力的轧制过程。材料的屈服准则采用米塞斯屈服准则。在 DEFORM 软件中采用拉格朗日算法计算。DEFORM 自动计算由节点摩擦而转换所生的热，并将热量平摊到钢管和轧辊的表面，这部分热作为表面热流加热接触体；钢管变形时，变形功换热系数取为 0.9。

7.1.6 施加约束条件和求解控制

将轧件创建为节点组建模，对其不施加位移约束，给推块施加一个沿轧制方向的速度，用来推动钢管进入微张力减径机组进行轧制。

为了给轧辊施加转速，首先需要在 DEFORM 中分别求出 3 个轧辊对各自质心的转动惯量，然后再在 DEFORM 中分别创建 3 个位于轧辊中心的局部坐标系，

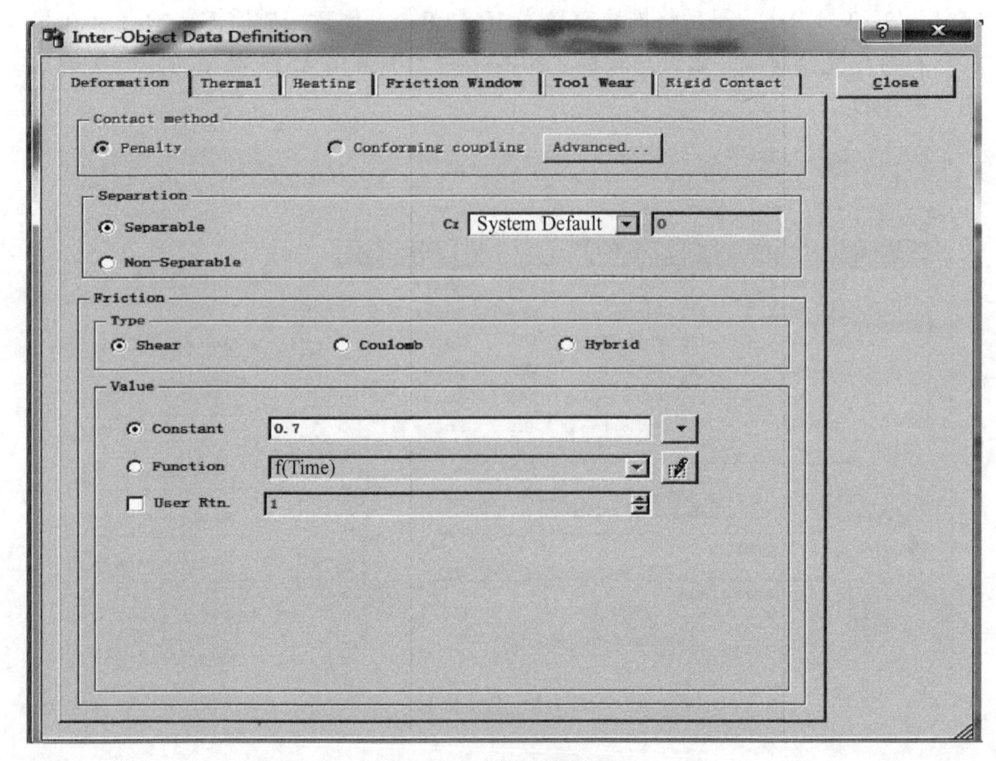

图 7-5　选择摩擦类型

最后按照设计参数定义 3 个轧辊围绕各自局部坐标轴的转动速度。逆时针为正值，顺时针为负值，轧辊在稳态轧制时的转速大小见表 7-2。

表 7-2　各机架转速

机架号	转速/r · min^{-1}	机架号	转速/r · min^{-1}
1	123. 4861	5	129. 4134
2	124. 8939	6	131. 4421
3	126. 2700	7	132. 3916
4	128. 2138	8	132. 2602

转速设置完成后。设置钢管的体积补偿，点击轧件的 Properties 中的 Active in FEM+meshing，如图 7-6 所示。

设定每步步长为 0. 0005s，时间历程文件输出步数为 20000 步，写出关键字 K 文件，并保存文件。在保存完 K 文件之后再将 K 文件生成 DB 文件。DB 文件是可执行文件。打开 DB 文件，选中弹出窗口中的 Simulator 下的 Run 命令进行求解运算。

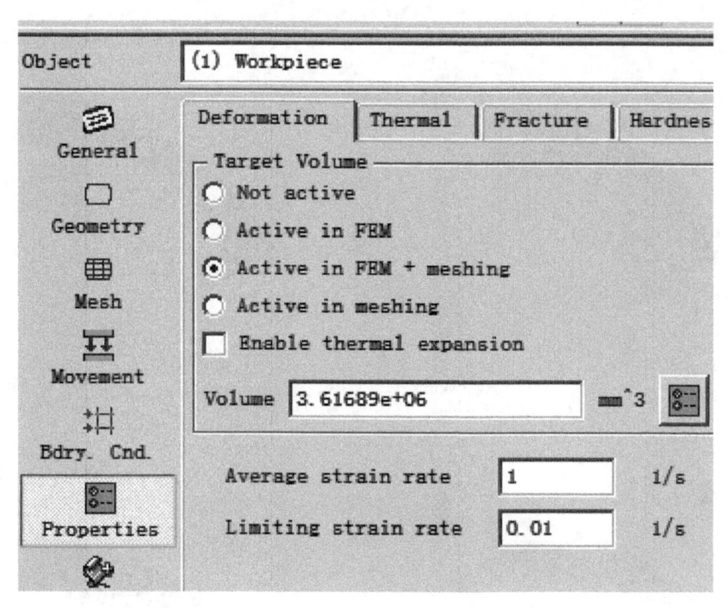

图 7-6 设置体积补偿

7.2 稳态轧制下的结果分析

7.2.1 应力分析

模拟结束后，点击 DEFORM-3D Post 进入后处理查看模拟结果。钢管在减径过程中的等效应力变化如图 7-7 所示。

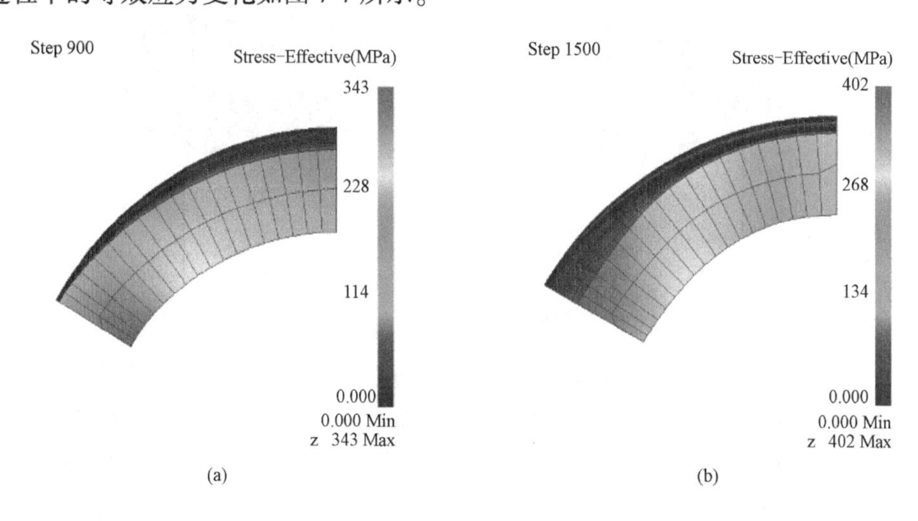

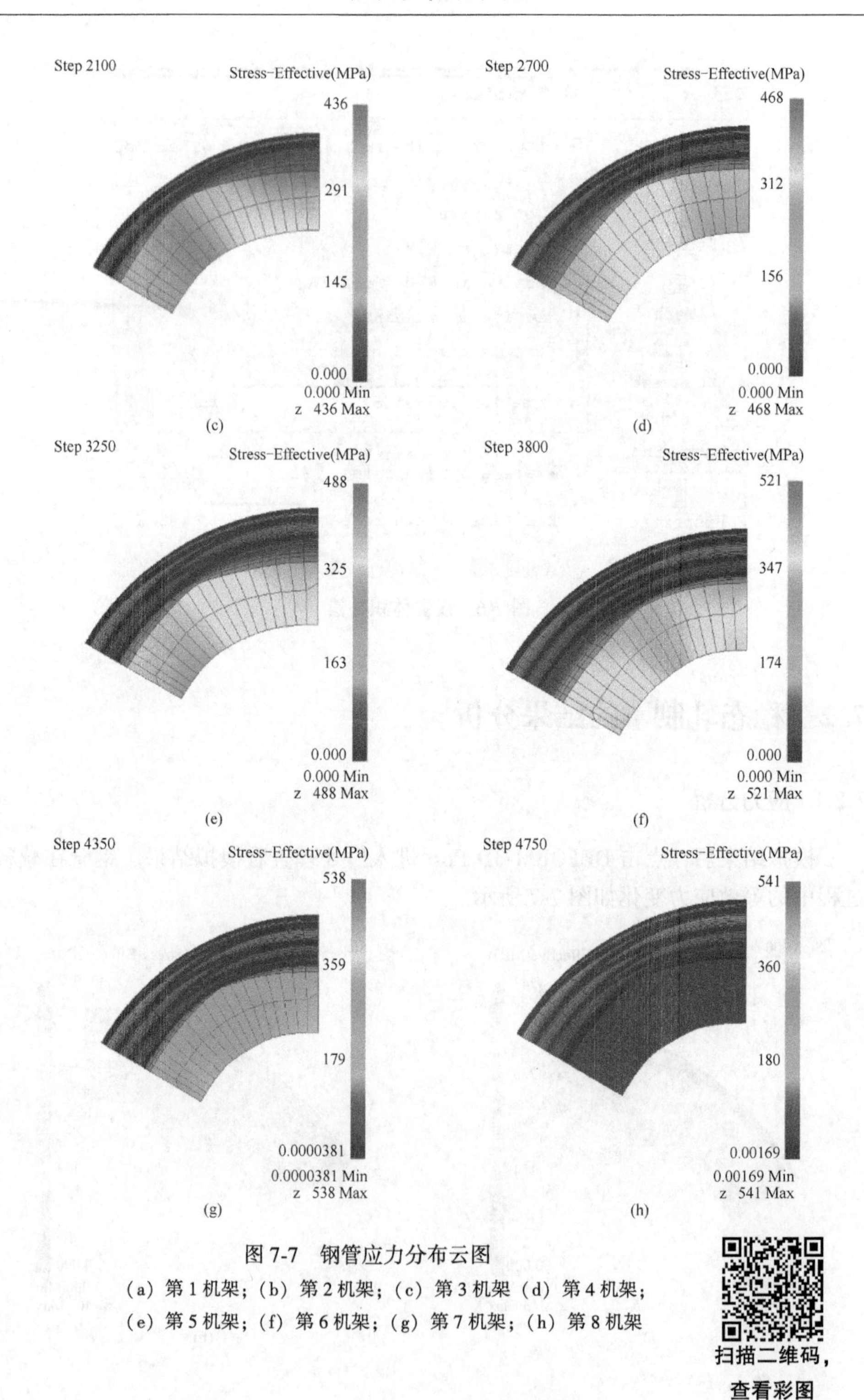

图 7-7 钢管应力分布云图

（a）第 1 机架；（b）第 2 机架；（c）第 3 机架（d）第 4 机架；
（e）第 5 机架；（f）第 6 机架；（g）第 7 机架；（h）第 8 机架

扫描二维码，
查看彩图

图 7-7 列出了钢管在微张力减径过程中经过不同机架时的等效应力图。在 900 步时，荒管与第一道次孔型相接触，开始进行微张力减径轧制，钢管所受到的最大等效应力为 343MPa；在 1500 步时，钢管开始进入第二个道次进行轧制，这时的等效应力为 402MPa；在 4750 步时，钢管在第 8 道次的最大等效应力为 541MPa。从图 7-7(a)~(h)可以看出，随着钢管在各道次的减径变形，钢管所受到的等效应力值在增大。从钢管经过各道次的等效应力图可以看出，钢管在各个截面上的应力值也不相同，说明了钢管在径向受力不均匀，金属在截面上不同位置处的活泼性不同。从图 7-7(a)~(f)六张分布图中，发现介于孔型底部与辊缝之间的中间位置处（模型的 30°位置）等效应力要比孔型底部和辊缝处要小。从图 7-7 中可以清晰地看出，钢管外表面的等效应力要比内表面的要大。从后处理数据可知，在减径期间的最大等效应力 565MPa。

7.2.2 应变分析

钢管在微张力减径过程中经过不同机架时重要节点的等效应变云图如图 7-8 所示。由图可知，钢管在横截面上的应变分布是不均匀的。从图 7-8(a)中可以看出，轧辊孔型底部附近的应变值较大，说明钢管在第 1 机架的孔型底部变形较大，轧辊孔型底部的金属比辊缝处的要活泼。由于三辊微张力减机是按照+Y 和 -Y排列的，因此位于第 1 机架辊缝处的金属，进入第 2 机架时，辊缝位置变为孔型底部。所以从图 7-8(b)可以发现，经过第 2 机架时，仍是孔型底部的变形较大。钢管分别经过前 4 个机架时，都是孔型底部的应变较大；而钢管分别通过后面 4 个机架时，介于孔型底部与辊缝之间的中间位置（模型的 30°位置）的应变比辊缝和孔型底部要大，原因是辊缝和孔型底处的金属往中间位置流动导致。从图中看出，钢管外表面处的应变大于内表面的应变。钢管从微张力减径机轧出时，最大应变保持不变，数值为 0.732mm/mm。

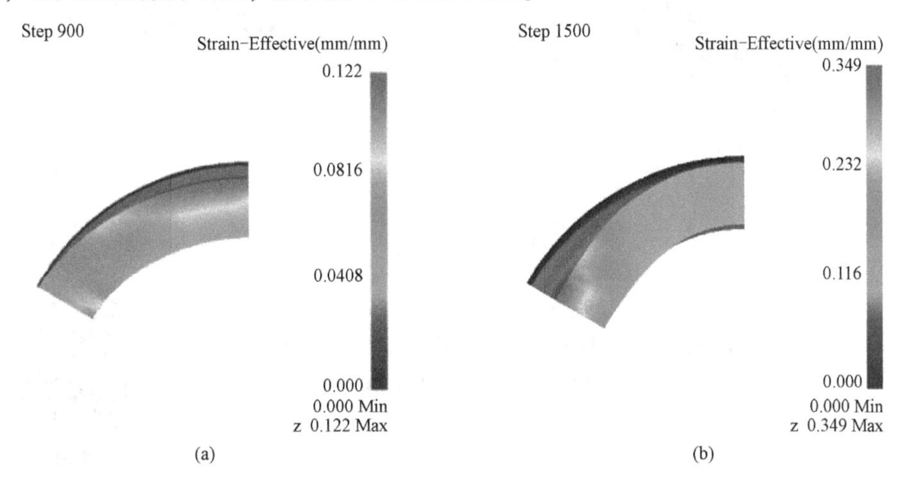

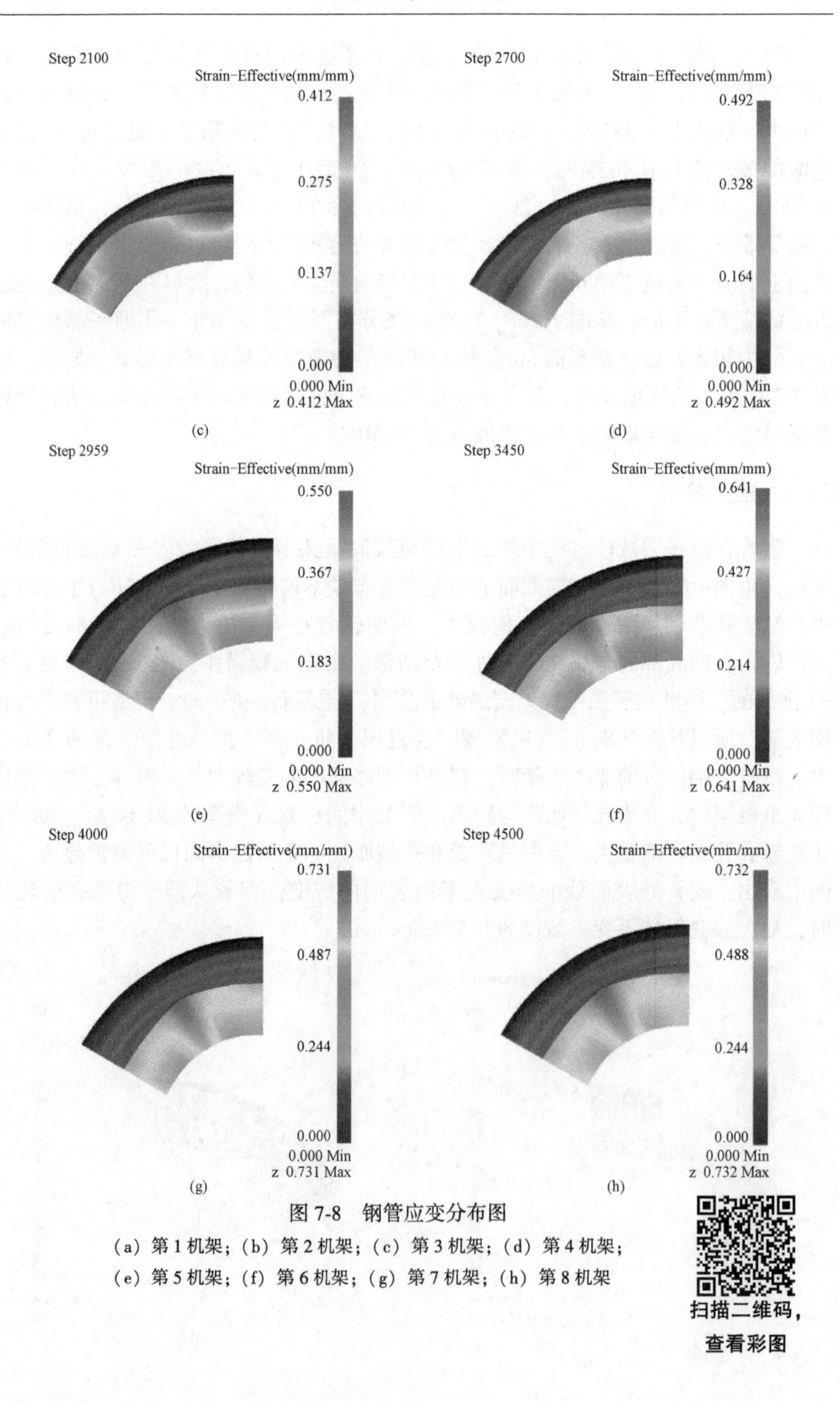

图 7-8　钢管应变分布图

(a) 第 1 机架；(b) 第 2 机架；(c) 第 3 机架；(d) 第 4 机架；
(e) 第 5 机架；(f) 第 6 机架；(g) 第 7 机架；(h) 第 8 机架

扫描二维码，
查看彩图

7.2.3 壁厚分析

仿真模拟前，在钢管头端的 1/6 圆周面上选定 3 对节点组，如图 7-9 所示。

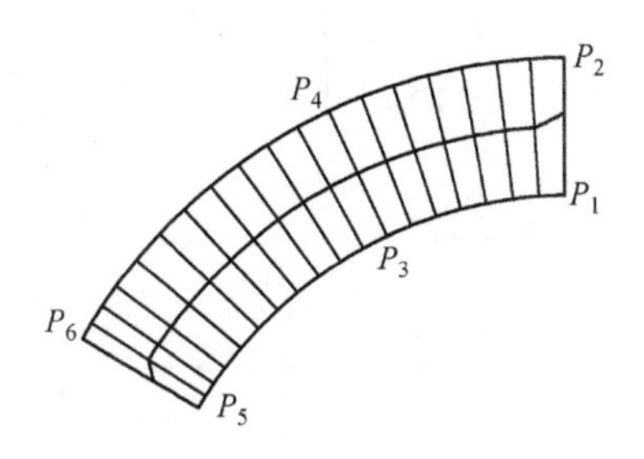

图 7-9 钢管截面不同节点位置示意图

P_1—Node 34201；P_2—Node 34203；P_3—Node 34225；

P_4—Node 34227；P_5—Node 34255；P_6—Node 34257

其中节点 P_1 和 P_2 位于轧辊孔型底部位置，记为 0°位置；节点 P_5、P_6 位于轧辊辊缝位置处，记为 60°位置；节点 P_3 和 P_4 位于轧辊孔型底部与辊缝处之间的中间位置（模型的 30°位置）。通过研究上述 3 个典型位置的壁厚变化规律，得出微张力减径过程中的金属流动规律。图 7-10~图 7-15 为 3 组节点的径向位移和壁厚变化。

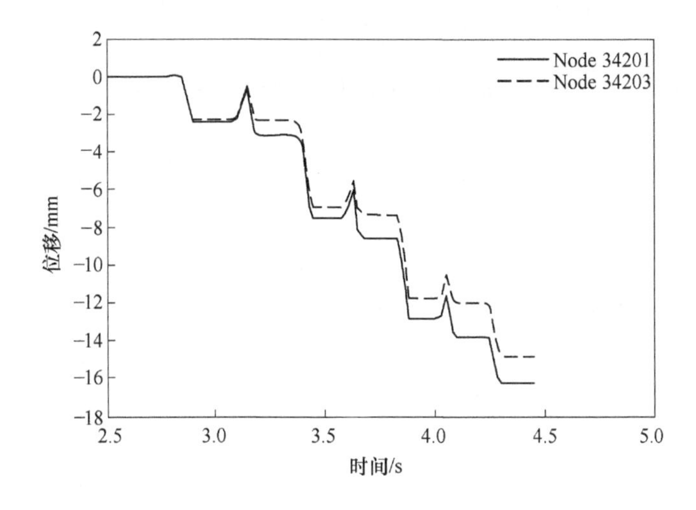

图 7-10 孔型底部节点组径向位移

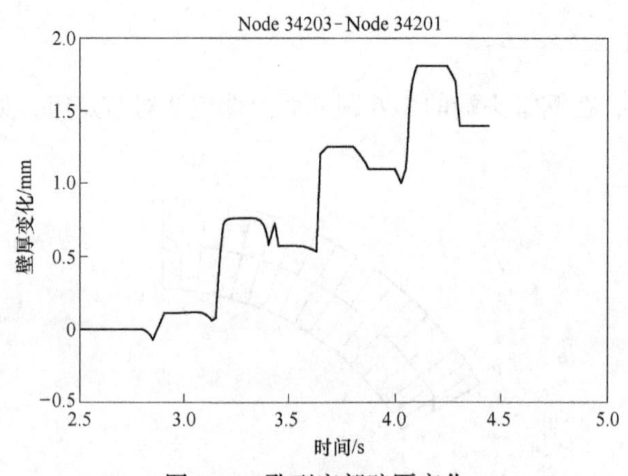

图 7-11　孔型底部壁厚变化

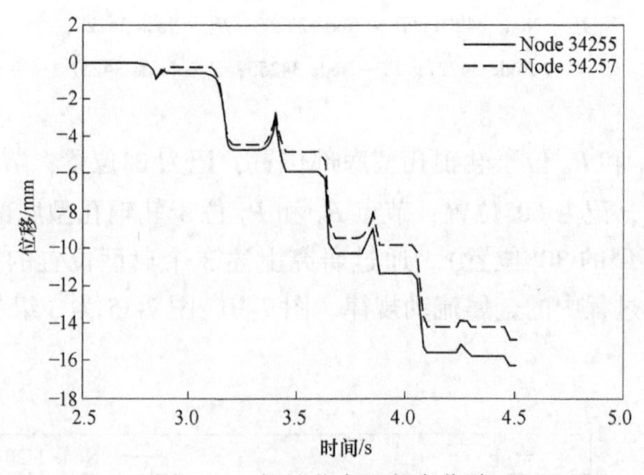

图 7-12　辊缝节点组径向位移

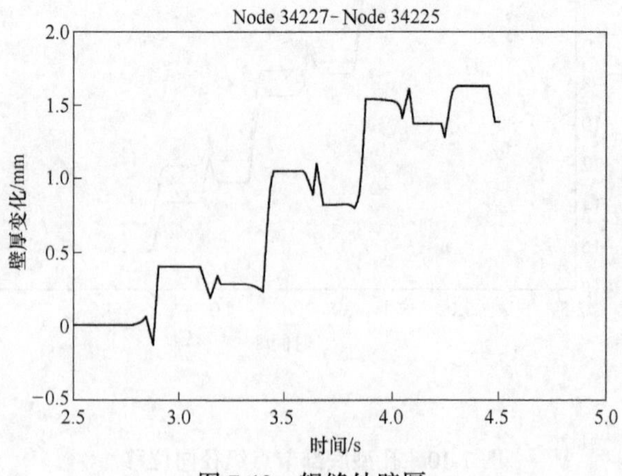

图 7-13　辊缝处壁厚

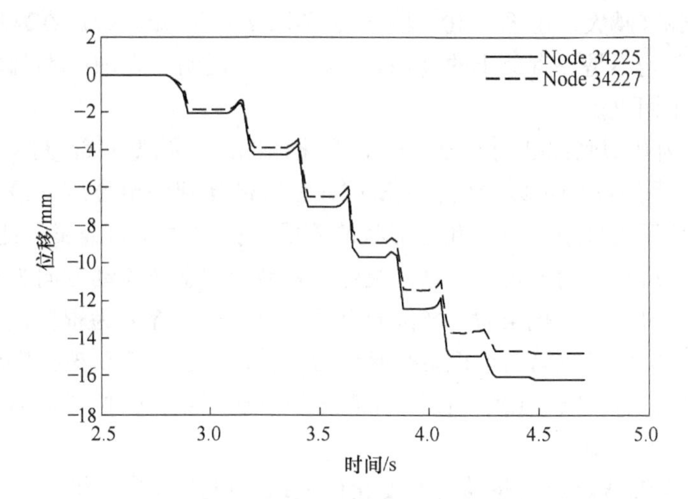

图 7-14 中间位置节点组的径向位移

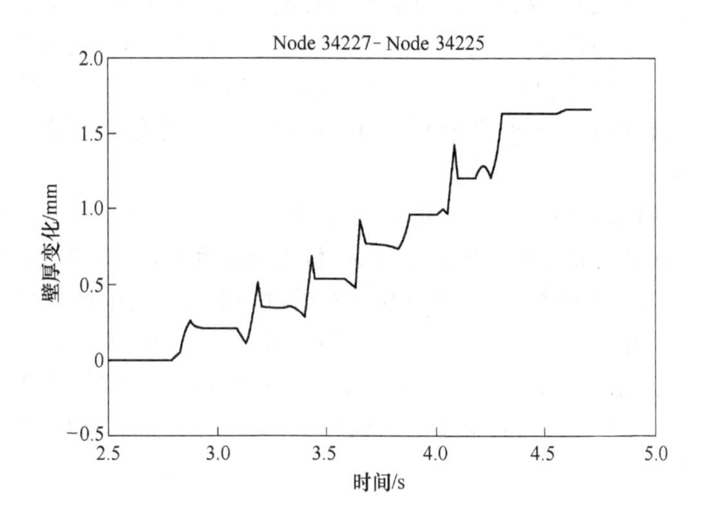

图 7-15 中间位置的壁厚

由图 7-10~图 7-15 可以看出，3 对节点组的位移和壁厚值均从 0 开始发生变化，说明了钢管在 2. 8s 时开始进入第一机架中进行轧制。在 4. 7s 时，3 对节点组位移坐标和壁厚值均不发生变化，说明在 4. 7s 时，微张力减径过程结束。

由于在轧制过程中，钢管的外径随着孔型直径减小而减小，所以图 7-10、图 7-12 和图 7-14 中钢管外表面上的节点在径向上的位移为负数，而且数值越来越大。孔型底部金属受到压应力的作用，使得金属产生延伸和宽展；另外受到孔型槽壁的限制，导致内表面的金属只能向内流动，因此内表面上的节点位移也为负值，且数值越来越大。由图 7-10、图 7-12 和图 7-14 可知，金属在减径期间内外表面节点位移均不是一直减小的（曲线有波动），说明了在减径期间内外表面上的金属发生了回复。

图 7-11 为孔型底部处的壁厚随时间变化的曲线。孔型底部壁厚在 2. 8s 从 0 开始变化，由图 7-7 中可以看出，金属在孔型底部受到的单位压力最大，在辊缝处受到的单位压力最小。由于孔型形状的原因，孔型底部的金属只能向内流动，辊缝部位的金属可以向外延伸，这样决定了孔型中的金属流动方向为从孔型底部向辊缝流动。进入第二机架时，0°位置由原来的孔型底部变为辊缝位置。由于压下量的原因，0°位置在第二个机架壁厚会增加。每经过一个机架，辊缝和孔型底部会发生一次位置交换。由于最后一个机架没有压下量，0°位置从第七机架出口时壁厚不会再发生变化。

图 7-13 为辊缝处的壁厚随时间变化的曲线。刚进入第一机架时，由于孔型底部的压下量较大，导致孔型底部的金属往辊缝处流动，因此辊缝处的壁厚有所增厚。进入第二机架时，60°位置由原来的辊缝变成孔型底部，这是因为金属的流向为从孔型底部往辊缝处去，所以从第二机架出口时，60°位置的壁厚会降低。每经过一个机架，辊缝和孔型底部会交互出现。60°处在孔型底部时，壁厚有所减薄；60°处在辊缝时，壁厚会增厚。由于最后一机架没有压下量，所以辊缝处的壁厚保持不变。

由图 7-11 和图 7-13 可知，不管 0°位置或者 60°位置处于孔型底部还是辊缝处，钢管每通过两个机架时，0°位置和 60°位置壁厚都会增加。从图 7-15 中可发现，处于孔型底部与辊缝之间的中间位置每通过一个机架时壁厚都会增加。根据以上分析可得，介于孔型底部与辊缝之间的中间位置处的金属流动最为活跃，流动性要好于孔型底部和辊缝处的金属。微张力减径结束后，0°位置处的壁厚增加值为 1. 40mm，辊缝位置处的金属增加值为 1. 45mm，介于孔型底部与辊缝之间的中间位置的壁厚增加值为 1. 70mm。由此可以看出，中间位置处的壁厚值要大于孔型底部和辊缝部位。

7.2.4 轧制力分析

图 7-16 为微张力减径机中前 7 个机架的轧制力图。

从图 7-16 中可以看出，钢管与轧辊接触前，各机架的轧制力均为零。在微张力减径过程中，轧制力与钢管壁厚、孔型尺寸、轧制温度、变形抗力、张力系数等因素有关。从图 7-16 中可知，钢管在 0. 42s 进入减径机时，在第一机架所受到的轧制力迅速增加。由于钢管刚进入机架时的轧制过程不稳定，钢管初期所受到的轧制力也不稳定。随着减径过程的继续进行，钢管所受到的轧制力开始趋于稳定。从图中可以看出，钢管被第二机架咬入时，第一机架所受的轧制力有所下

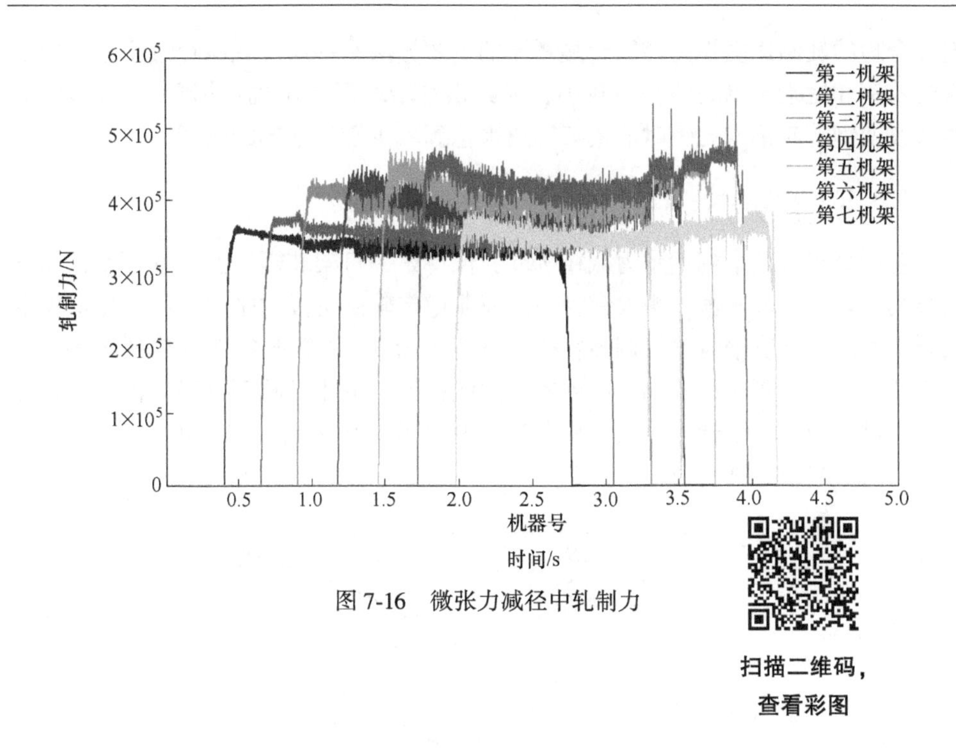

图 7-16 微张力减径中轧制力

降；每当钢管进入后面机架的轧辊时，前面机架的轧制力均会下降。在 2.7s 时钢管的尾部离开第一机架轧辊，这时第一机架的轧制力由 31t 降为 0。当第一机架轧制力正好降为 0 时，此刻后面 6 架的轧制力都有所增加；同理，当钢管从第二机架完全抛出时，后面 5 个机架的轧制力均增加。当钢管尾部离开轧辊时，由于钢管与轧辊不在接触，此时钢管不再受到轧辊作用。在减径过程中，各机架的轧制力都是逐渐变化的。钢管在第 6 机架受到的轧制力最大，约为 45t。在整个微张力减径期间，轧制力范围为 30~45t。

7.3 管端增厚的控制

钢管减径过程中，由于其头、尾没有前后张力的作用，再加上轧制前荒管的径壁比相对较小。张力减径过程完成后会出现管端壁厚增厚，在钢管出厂之前，需要切掉头尾两端的壁厚超差部分。增壁量的大小与张力系数之间满足如下关系：张力越大，增壁量就越小，张力越小，增壁量越大。因此可以通过适当调整转速的方法来改善管端增厚。

7.3.1 管端增厚控制原理

减径过程中由于变形量、机架间距、壁厚系数等参数都是不能改变的，因此选择合理的轧制速度作为控制管端增厚的主要方法和手段。在减径过程中，由于头端咬钢和尾端抛钢时的张力较小，因此钢管增厚经常出现在钢管的头尾两端。通过改变钢管咬钢或抛钢时的机架转速来达到减少管端增厚的长度。

7.3.1.1　头端咬钢控制

在钢管头端还未到达张力减径机前，保持第一机架轧辊转速基本不变，动态调节其他轧辊的转速值，增大钢管头端在非稳定轧制阶段的张力，可以降低管端增厚程度。头端咬钢时参加调整转速的机架数为 5，钢管头端速度控制曲线如图 7-17 所示。随着管子的头端不断被咬入后续机架，减小已咬钢机架的转速。在头端咬钢过程中，轧辊转速曲线将从图 7-17 中曲线 1 变为图 7-17 中的曲线 2，然后再变为图 7-17 中的曲线 3。

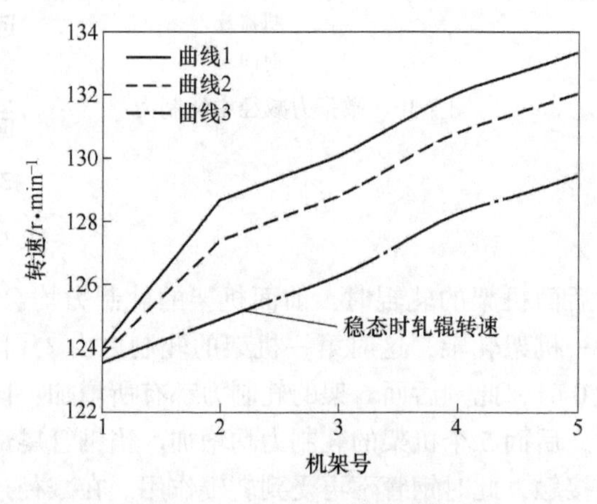

图 7-17　头端速度控制曲线

7.3.1.2　尾端抛钢控制

钢管尾端将要从减径机轧出时，保持最后一个机架转速不变，不断改变其他机架的转速，使得钢管尾端在非稳定轧制阶段的张力变大，从而降低管端增厚值。尾端抛钢时参与调整转速的机架为 5，钢管尾端速度控制曲线如图 7-18 所示。在尾端抛钢过程期间，机架的轧辊转速曲线将先由图 7-18 中的曲线 1 变为图 7-18 中的曲线 2，然后变为图 7-18 中的曲线 3。当钢管尾端刚从倒数第二个机架出来时，机架的轧辊转速曲线再由图 7-18 中的曲线 3 变为图 7-18 中的曲线 1，为轧制下一根钢管做准备。

7.3.2　测量方法

在模拟结束后，将 1/6 钢管模型通过对称设置还原成整个钢管模型。距离钢

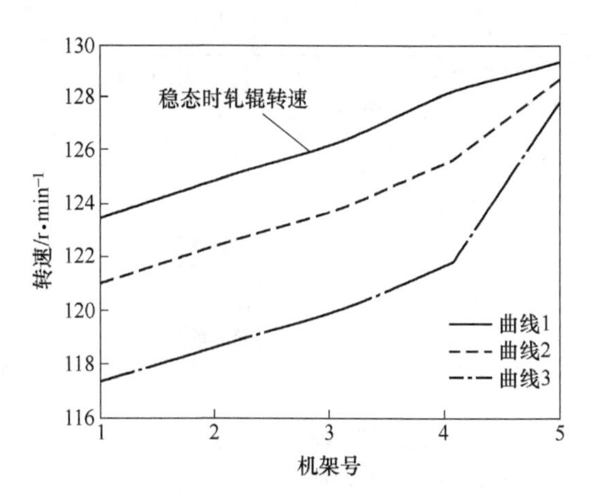

图 7-18　尾端速度控制曲线

管头部和尾部一定长度进行测量，它的周向壁厚 s_i（$i=1, 2, \cdots, 12$）。图 7-19 所示位置为钢管的周向壁厚测量位置，即圆周方向的截面上均匀分布着 12 个点。钢管的周向平均壁厚为 $\bar{s}$ 为：

$$\bar{s}=\frac{1}{12}\sum_{i=1}^{12}s_i \tag{7-1}$$

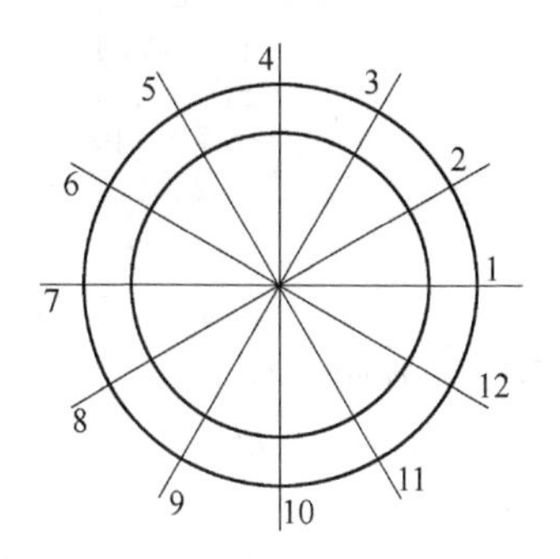

图 7-19　圆周方向壁厚测量位置

7.3.3　调整速度后的管端增厚分析

头端和尾端纵向壁厚分布分别如图 7-20 和图 7-21 所示。

7.3.3.1　头端增厚分析

根据图 7-17 的轧辊速度进行钢管咬钢阶段的有限元模拟，钢管壁厚允许的公差范围是 ±5%（根据计算，钢管壁厚的上极限为 21.00mm，下极限为 19.00mm）。钢管头端纵向壁厚分布如图 7-20 所示，从图中可以看出，无论是稳

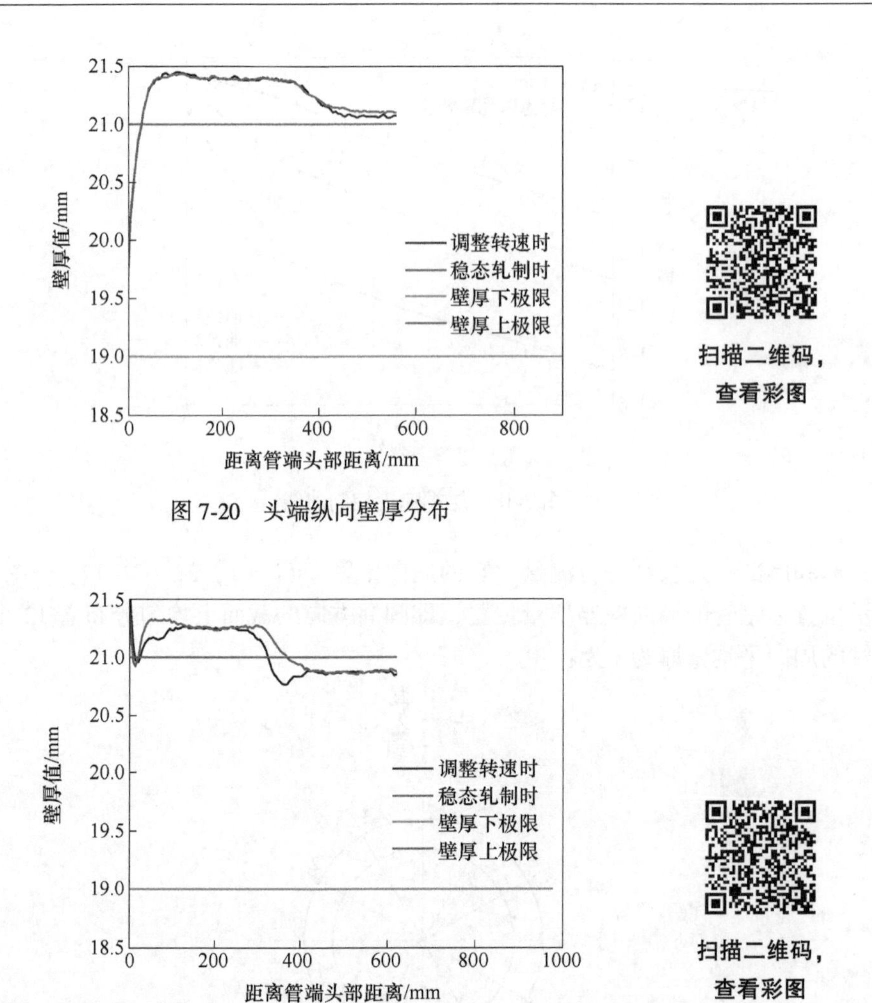

图 7-20　头端纵向壁厚分布

图 7-21　尾部纵向壁厚分布

态轧制阶段还是调整机架转速的轧制情况下，钢管头端壁厚分布规律是一致的，即：都是先增加，然后保持不变，最后再下降到达壁厚公差范围内。荒管长度为 2400mm，轧制后钢管的总长度为 2954mm。从图 7-20 中可以看出，稳态轧制时头部需要切除 690mm，调整机架转速时头部需要切除 630mm。比较可知，相比稳态轧制，在调整机架转速的情况下头部可以少切除 60mm。因此，采用速度控制可减少成品管头端壁厚增厚段长度。

7.3.3.2　尾端增厚分析

尾部抛钢阶段机架转速调整图如图 7-18 所示，对抛钢机架的转速实行先降速后升速的原则。根据图 7-18 所示的轧辊转速进行抛钢阶段的有限元模拟，模拟结束后，选取截面不同位置的壁厚进行测量。钢管壁厚允许的公差范围是±5%。钢管尾部纵向壁厚分布如图 7-21 所示。无论是不是在稳态轧制状态下，都是先降后升，然后保持一段范围内不变，最后再下降到壁厚公差范围内。比较图 7-21 中的两条曲线可知，稳态轧制时尾部需要切除 365mm，在调整机架转速的情况下尾部需要切除 305mm，与稳态轧制阶段相比，尾部可以减少切除 60mm。通过对头端和尾端轧辊速度的调整，增大钢管头部和尾部的张力，降低管端壁厚增厚长度，减少切头损失，提高厂家的经济效益。

参 考 文 献

［1］于辉，杜凤山，许志强，徐海亮．铝管连轧过程孔型参数优化及数值模拟［J］．中国有色金属学报，2010，（1）：55-61.

［2］M. Mike，M. Ronald. VB 5 开发使用手册［M］．北京：机械工业出版社，1997.

［3］刘文科，张康生，孟令博，胡正寰．楔横轧成形小断面收缩率轴类件热力耦合数值模拟［J］．中南大学学报（自然科学版），2012，（1）：118-123.

［4］于辉，汪飞雪，刘利刚．张力减径过程管端增厚的 CEC 控制模型［J］．燕山大学学报，2013，（3）：223-227，233.

［5］王超峰，薛建国．新型钢管 CEC 控制方法研究初探［C］．全国轧钢生产技术会议，2006：725-727，734.

［6］K. Voswinckel Process management for stretch-reducing tube rolling mills［J］．Tube International，1995，64（14）：75-79.

［7］王勇，张敏，龙功名．钢管头尾增厚端壁厚分析及数学模型建立［J］．钢管，2011（3）：22-26.

［8］卢于逑，杨华峰．张力减径管增厚端壁厚分布数学模型［J］．钢管，1990（2）：32-37.

［9］米楠．钢管张力减径实验及切头尾控制下的有限元模拟［D］．秦皇岛：燕山大学，2008.

［10］林军．高效节能油管关键制造技术研究［D］．济南：山东大学，2010.

［11］王琦．无缝钢管微张力减径工艺参数的研究［D］．太原：太原科技大学，2016.

［12］郭海明，李琳琳，秦桂伟，等. 微张力定（减）径机厚壁孔型优化［J］．钢管，2020，49（5）：46-51.

［13］胡启国，刘博文，姜永正，等. 无缝钢管张减成形的高精度有限元模型及实验验证［J］．机械设计与制造，2019（10）：42-45，49.

［14］王超峰，郭延松，杜凤山. 无缝钢管张力减径过程管壁增厚规律研究［J］．钢管，2019，48（2）：14-20.

［15］胡斌斌. 热轧无缝钢管张力减径过程数值模拟及仿真系统开发［D］．秦皇岛：燕山大学，2018.